IN – VEHICLE NETWORKING SYSTEM

차량 통신 시스템

저자약력 | • 김만호 동의과학대학교 전기자동차과 교수

차량 통신 시스템

초판 인쇄 | 2025년 9월 10일
초판 발행 | 2025년 9월 20일

저　　자 | 김만호
발 행 인 | **조규백**
발 행 처 | 도서출판 **구민사**
(07293) 서울특별시 영등포구 문래북로 116, 604호(문래동 3가 46, 트리플렉스)
전　　화 | (02) 701-7421
팩　　스 | (02) 3273-9642
홈페이지 | www.kuhminsa.co.kr

신고번호 | 제2012-000055호 (1980년 2월 4일)
I S B N | 979-11-6875-597-0 (93550)

값 | 26,000원

PREFACE

2016년 스위스 다보스에서 열린 세계경제포럼에서 처음 언급된 인공지능(AI : Artificial Intelligence)으로 대표되는 4차 산업혁명은 자동차, 인터넷, 금융 등 전 세계 산업의 급진적인 변화를 일으키고 있으면서 동시에 앞으로 더 많은 변화를 가져올 것이다. 그 대표적인 사례가 2025년 1월에 미국 라스베이거스에서 진행된 CES 2025에서 보여준 AI 에이전트와 온 디바이스 AI와 같은 기술이다. 인공지능으로 대표되는 4차 산업혁명과 함께 자동차 산업은 기후 변화의 급격한 영향으로 CASE(Connectivity, Autonomous, Sharing, Electrification) 용어로 대표되는 혁신적인 변화의 시점에 직면해 있다. 최근에 상용화된 5세대 이동통신 기술은 자동차에 적용되어 차량 내부와 차량 외부를 실시간으로 연결하는 Connectivity 기술로 발전하여 관심이 더욱 커지고 있다. Autonomous 기술은 운전자의 조작 없이 자동차가 스스로 주행하는 기술을 포괄하는 것으로 자동차 연비 개선, 사고 예방, 교통약자 이동성을 급격하게 향상시킬 것이다. Sharing 기술은 코로나19와 함께 쇠퇴하기는 하였지만, 제한된 재화를 공유해서 사용한다는 측면에서 앞으로 더 발전된 형태의 Sharing 기술이 출현할 것이다. 마지막으로, Electrification 기술은 코로나19와 함께 너무나도 급격하게 우리에게 영향을 주고 있으며 기후 변화 문제와 함께 앞으로 더 많은 관심과 영향을 줄 것이다.

1980년대 처음으로 개발된 CAN(Controller Area Network) 통신은 자동차 산업에 많은 변화를 가져오게 했다. 대표적인 차량 통신 시스템인 CAN 통신은 섀시 통신으로 FlexRay와 미디어 통신으로 MOST(Media Oriented Systems Transport)로 분화가 되고 있다.

PREFACE

최근에는 CAN FD(Flexible Data rate) 통신이 개발되어 기존의 CAN 통신이 가지는 전송 속도나 전송 데이터의 문제의 대안이 되고 있다. 다양한 차량 통신 시스템이 개발되면서 자동차는 더욱 통신에 대한 중요도가 높아지면서 자동차 유지 보수를 담당하는 엔지니어 관점에서는 더욱 어렵고 힘든 분야가 차량 통신 시스템이 되었다. 현장에서 근무하는 자동차 유지 보수 담당 엔지니어가 가장 힘들어하는 차량 통신 시스템에 대한 해결을 위하여 본 교재는 데이터 통신에 대한 기본적인 원리와 차량 통신 시스템에서 요구되는 핵심적인 사항을 중심으로 기술하였다. 더 많은 자료와 더 많은 정보를 기술하는 것 못지않게 데이터 통신에 대한 기초적인 사항과 차량 통신 시스템의 핵심적인 정보를 중심으로 제공하여 현장 엔지니어의 어려움을 조금이라도 극복할 수 있으면 하는 마음에 집필을 마무리한다.

본 교재는 데이터 통신 파트와 차량 통신 시스템으로 구성하였으며 데이터 통신 부분은 물리 계층과 데이터링크 계층으로 구분하여 기술하였다. 차량 통신 시스템 부분은 차량 통신의 역사를 시작으로 차량 통신의 종류, 전송 방법, 통신 시스템의 구성과 에러 관리를 중심으로 기술하였다. 마지막으로 이 책이 나오기까지 도움을 주신 도서출판 구민사 조규백 대표님과 관계자 분들께 깊은 감사의 말씀을 드린다.

저자 씀

CONTENTS

PART 01 내장형 네트워크 시스템

PART 02 데이터 통신

CONTENTS

3 데이터링크 계층

PART 03 차량 통신 시스템

1 차량 통신 역사

2 차량 통신의 종류

3 차량 통신 전송 방법

CONTENTS

4 차량 통신 시스템 구성

5 차량 통신 시스템 에러 관리

01 PART

내장형 네트워크 시스템

CHAPTER

01 내장형 네트워크 시스템

01 내장형 네트워크 시스템

(1) 내장형 네트워크 시스템 필요성

핸드폰이나 자동차의 ECU와 같은 많은 전자 장치에 내장된 마이크로 컨트롤러(Micro Controller)가 성능은 더 좋아지고 가격은 낮아지면서 점점 더 많은 마이크로컨트롤러를 내장(Embedded)하기 시작하고 있다. 특히, 혁신적인 AI(Artificial Intelligence) 기술이 급격하게 개발되면서 더 많은 자동차, 로봇, 선박과 가전제품들에도 AI 기술을 활용할 수 있는 고성능의 마이크로컨트롤러가 사용되고 있으며 이를 통해 과거에 비하여 인간에게 생각하지도 못한 기능을 제공해 주고 있다.

로봇 청소기는 2020년을 전후하여 결혼하는 신혼부부들이 필수로 구매하는 가전제품으로 가정의 구조를 정확하게 인지하여 주기적으로 청소를 하여 실내 환경을 깨끗하게 유지하는 기능을 제공하고 있다. 특히, 최근에 출시된 로봇 청소기는 실내 환경의 먼지나 이물질을 청소하는 것에 더 나아가 물걸레 기능이 추가되어 실내를 물걸레 청소까지 하고 경사진 곳이나 각진 곳까지 이동하여 청소하는 기능을 제공하고 있다.

그림 1-1 실내 청소를 하기 위해 장애물을 검출하고 있는 로봇 청소기

특히, 자동차에서도 마이크로컨트롤러의 사용이 급격하게 증가하고 있다. 지능형 자동차(Intelligent Vehicle)는 차량의 위치나 속도와 같은 차량의 내부 상태와 차량 외부 환경을 실시간으로 인식할 수 있어야 한다. 또한, 자동차는 내부 및 외부의 정보를 바탕으로 반자동 또는 자동으로 제어될 수 있어야 한다. 이러한 목적으로, 지능형 자동차는 마이크로컨트롤러와 가속도 센서나 온도 센서, 레이더 센서와 각종 제어용 모터 등과 같은 전자부품의 수가 급속히 증가하고 있다. 자동차에 들어가는 모든 전기 및 전자 장치 부품을 통칭하는 개념인 자동차 전기 장치 시장은 매년 큰 폭으로 증가하고 있으며 자동차에서 전기 장치가 차지하는 비중도 급속도로 증가하여 자동차를 가전제품이라 부르기도 한다.

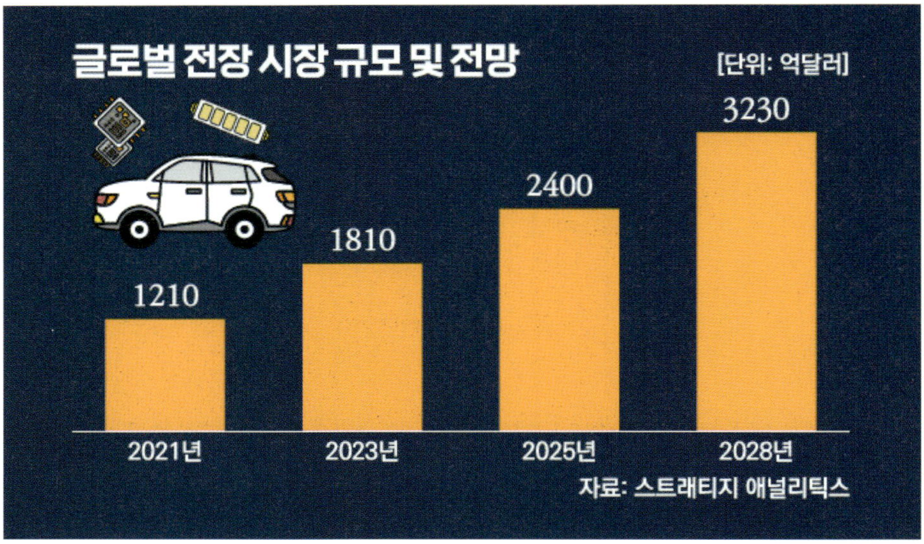

그림 1-2 자동차 전기 장치(전장) 시장 규모 예측치

일반적으로, 마이크로컨트롤러와 센서, 모터 등은 그림 1-3(a)의 왼쪽 그림과 같이 전선을 이용하여 연결되는 직접 연결(Direct Connection)을 사용한다. 그러나, 마이크로컨트롤러와 센서의 수가 증대되게 되면, 그림 1-3(a)의 오른쪽 그림과 같이 연결해야 하는 전선의 수가 기하급수적으로 증가한다. 이러한 전선의 증가는 시스템의 성능 향상에 방해가 될 뿐만 아니라 시스템의 유지 보수를 어렵게 한다. 이러한 문제를 해결하기 위하여 내장형 네트워크(Embedded Network) 기술이 등장하게 된다. 내장형 네트워크 기술은 마이크로컨트롤러와 센서, 모터 등을 한 가닥 또는 여러 가닥의 공유된(Shared) 전선으로 연결하고자 하는 전선 연결 방식으로 볼 수 있다. 그림 1-3(b)는 내장형 네트워크 시스템(Embedded Network System)의 한 가지 예로서 버스(Bus) 방식을 보여주고 있다. 이러한 내장형 네트워크 기술을 도입하면 자동차나 로봇 등의 지능화를 위하여 마이크로컨트롤러나 센서, 모터 등을 쉽게 늘릴 수 있고 유지 보수도 매우 쉽다.

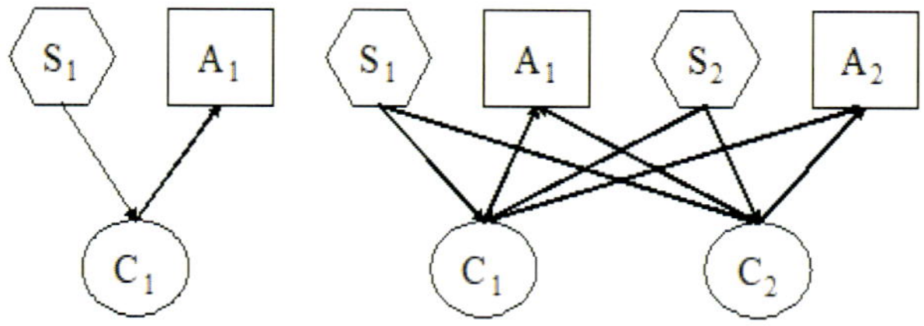

(a) 직접 연결 방식

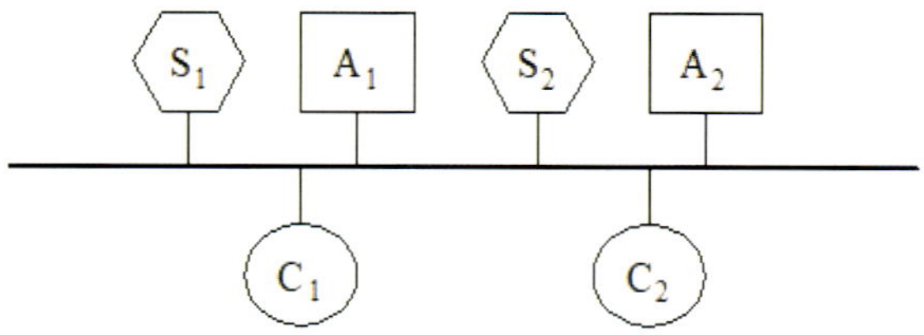

(b) 네트워크 연결 방식

그림 1-3 전기 장치 직접 연결과 네트워크 연결 방식

CHAPTER 02

내장형 네트워크 시스템 응용 분야

01 차량 통신 시스템

최근 들어, 승용차나 트럭, 산업용 자동차, 군사용 자동차 분야에서 지능형 자동차에 관한 관심이 급속히 증대되고 있다. 일반적으로, 지능형 자동차가 구현되기 위해서는 차량의 위치나 속도와 같은 차량의 상태와 차량 외부의 환경이 실시간으로 인식할 수 있어야 한다. 또한, 자동차가 내부 및 외부의 정보를 바탕으로 반자동 또는 자동으로 제어할 수 있어야 한다. 이러한 이유로, 지능형 자동차는 운전자에게 정보를 제공하고 위험 상황을 경고하는 충돌 경고 시스템(Collision Warning System)을 포함하여 운전자의 편의를 위하여 차량 일부를 제어하는 첨단 운전자 보조 시스템(Advanced Driver Assistance System) 기능을 제공한다. 또한, 운전자와 탑승자에게 다양한 정보, 엔터테인먼트, 그리고 연결 기능을 제공하는 차량 내부 정보 시스템(In-Vehicle Information Systems)과 같은 다양한 지능형 감지 및 제어 알고리즘이 요구된다. 현재, 이러한 지능형 자동차 기술은 지능형 교통 시스템(Intelligent Transportation System)의 구현에 있어서 매우 중요한 분야이며 운전자의 안전성과 편의성을 향상하는 데 필수적인 것으로 인식되고 있다.

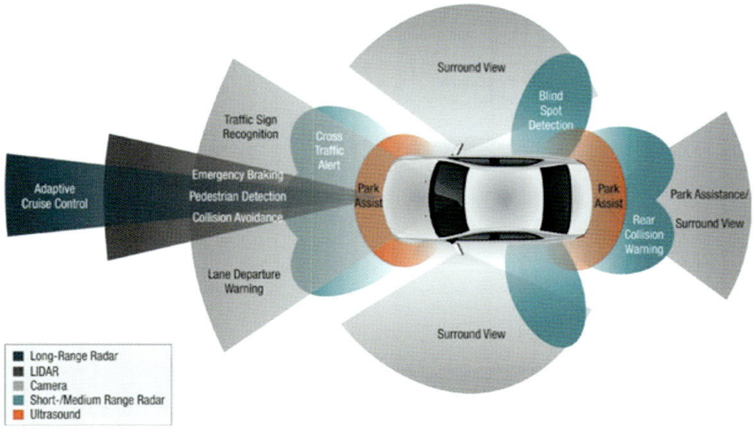

그림 1-4 첨단 운전자 보조 시스템 구성도

지능형 자동차 기술이 더욱 높은 수준으로 발전됨에 따라, 자동차에서 사용되는 가속도 센서, 온도 센서, 레이더 센서 및 각종 제어용 모터 등과 같은 전자부품은 급격하게 증가하고 있다. 특히, 자동차를 제작하는 데 드는 비용 중에서 전자부품이 차지하는 비중은 최소 23% 이상으로 지속해서 증가하고 있으며, 지능형 기술을 적용하는 만큼 더 많이 증가할 것으로 예상한다. 그러나, 센서와 모터, 제어기(Electronic Control Unit)와 스위치를 전선을 이용하여 점대점(Point-To-Point) 방식으로 연결하는 전통적인 배선 시스템(Harness System) 체계는 배선이 급격하게 증대하는 결과를 초래한다. 이러한 배선의 증가는 배선 체계를 더욱 복잡하게 함으로써 자동차 유지 보수에 어려움을 키우고 추가적인 기능을 구현하는 것에 제약을 발생시킨다. 특히, 급격한 배선의 증가는 자동차의 무게를 증가시키는 결과를 초래하여 자동차의 연비를 개선하기에 어려움을 초래한다.

이러한 문제를 해결하기 위하여, 자동차회사가 중심이 되어 센서와 모터와 제어기 및 스위치를 하나의 공유된 배선으로 연결하려는 차량 통신 시스템(In-Vehicle Network System)을 개발하였다. 이러한 결과, 그림 1-5와 같이 윈도 모터나 윈도 스위치 등과 같은 차량 제어용 프로토콜로 CAN(Controller Area Network),

J1850과 LIN(Local Interconnect Network) 등이 개발되어 차량에 적용되고 있다. 특히, 최근에 브레이크나 조향 시스템과 같은 실시간을 요구하는 섀시 부품에 차량 통신 시스템을 적용할 목적으로 TTP/C(Time Triggered Protocol / Class C), FlexRay, TT-CAN(Time Triggered CAN) 등과 같은 x-by-wire 통신이 개발되어 일부는 고급 승용차를 중심으로 적용되고 있다. 또한, 운전자에게 서비스 및 오락 정보를 제공하기 위해 대용량의 정보의 공유할 수 있는 MOST(Media Oriented Systems Transport)나 IDB 1394와 같은 프로토콜이 개발되어 일부는 고급 승용차를 중심으로 적용되고 있다.

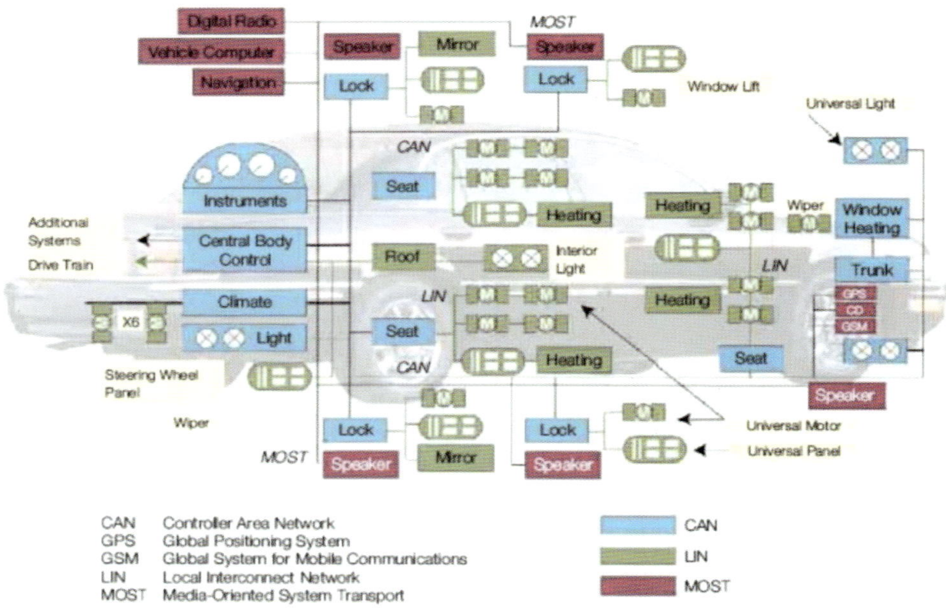

그림 1-5 자동차 네트워크 구성도

지능형 자동차의 개발과 함께 차량 통신 시스템은 요구되는 특성에 따라 다양한 통신이 개발되고 있다. 특히, 차량용 네트워크는 지능형 자동차에서 전송되는 데이터의 실시간 특성과 데이터의 크기에 따라 그림 1-6과 같이 제어 네트워크(Control Network)와 바디 네트워크(Body Network), 멀티미디어 네트워크(Multimedia

Network)로 분류한다. 일반적으로, 제어 네트워크는 자동차 주행에 필요한 주행, 조향 및 제동에 관련된 부품으로 구성된 네트워크로 정의한다. 제어 네트워크는 섀시 네트워크(Chassis Network)라고 불리기도 하며, FlexRay, TTP 및 TTCAN 통신이 표준이 되기 위해 경쟁적으로 개발되었다. 현재, 자동차회사를 중심으로 개발된 FlexRay와 자동차의 엔진 제어용으로 고속 CAN이 적용되고 있다. 바디 네트워크는 자동차를 운전하는 운전자의 편의 및 안전성에 관련된 전조등이나 파워 윈도와 같은 장치로 구성된 네트워크로 정의한다. 특히, 바디 네트워크는 차량 통신 시스템 중에서 가장 먼저 적용되고 있으며, 대부분의 대형 자동차는 바디 네트워크를 적용하여 바디 시스템을 구성하고 있다. 바디 네트워크에 적용되는 프로토콜에는 CAN, LIN 및 J1850이 있으며, CAN과 LIN이 가장 많이 적용되고 있다. 마지막으로, 멀티미디어 네트워크는 자동차 탑승자에게 서비스를 제공하거나 오락에 관련된 AV(Audio Video), 내비게이션 및 텔레매틱스(Telematics)에 관련된 장치로 구성된 네트워크로 정의한다. 특히, 자동차에서 서비스 및 오락 기능에 대한 고객의 요구가 증가함에 따라 멀티미디어 장치의 네트워크화는 급속히 진행되고 있다. 멀티미디어 네트워크에 적용되는 프로토콜에는 MOST와 IDB 1394가 있으며, MOST가 가장 많이 적용되고 있다. 차량 통신 시스템으로 사용되는 CAN, FlexRay와 MOST와 같은 통신은 게이트웨이(Gateway)를 통해 서로의 정보를 고유하고 이를 통해 더 많은 지능화된 기술이 구현되어 자동차에 적용되고 있다. 최근에는, 이더넷(Ethernet) 통신을 차량 통신 시스템의 핵심 중추 역할을 하는 고속 네트워크 개념의 백본(Backbone)으로 적용하여 더 지능화된 차량 통신 시스템으로 진화하고 있다.

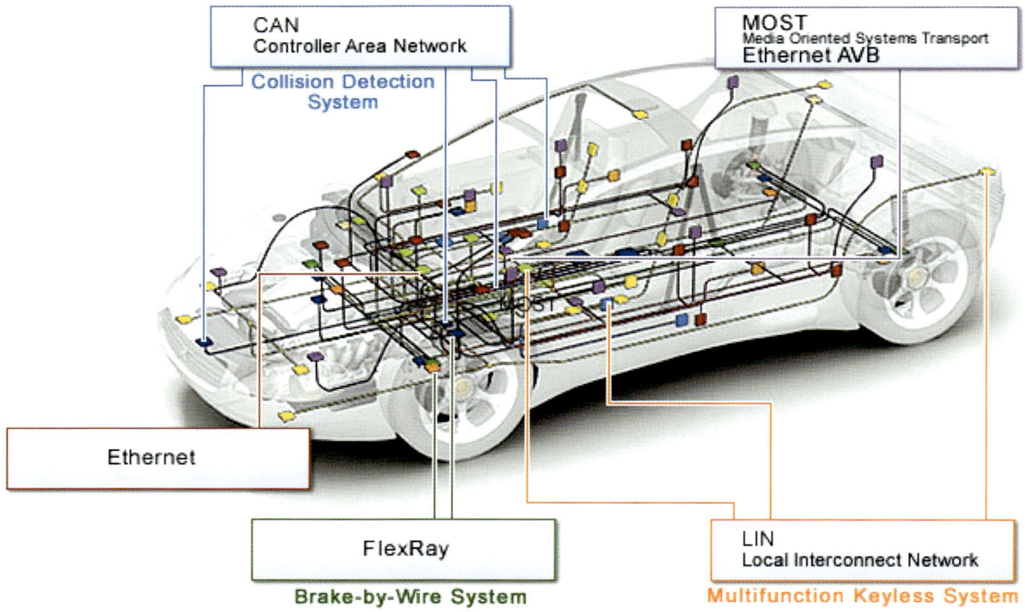

그림 1-6 차량 통신 시스템 구성도

02 산업용 네트워크

1970년대부터 제어 및 자동화 시스템에 디지털 컴퓨터가 도입되기 시작하면서 아날로그 및 디지털 계측 제어 신호의 전송에 대한 요구가 증대되기 시작하였다. 초기의 제어 시스템에서는 현장에 설치된 센서의 계측 신호가 4-20mA 아날로그 방식을 가진 일대일 통신 방식으로 중앙의 제어 컴퓨터와 통신을 수행하였다. 마이크로프로세서 기술의 급속한 발전과 함께, 1980년대 초반에는 분산 제어 시스템(Distributed Control System)이 도입되었으며, 중앙의 제어 컴퓨터에 의하여 수행되던 제어 기능이 여러 대의 컴퓨터들로 분산되었다. 분산 제어 시스템의 도입은 제어 및 자동화 장비 생산 기업은 자기 시장을 확보하기 위하여 개방화되지 않은 독자 모델의 플랫폼

(네트워크 모델)을 사용하기 시작하였다. 결국, 사용자들은 장비생산업체에 기술적으로 종속될 수밖에 없었고, 서로 다른 생산업체로부터 공급받은 장비들을 네트워크를 통하여 상호 접속하기 위해서 각 생산업체에서 공급하는 매우 고가의 프로토콜 변환 장치를 사용할 수밖에 없었다.

이러한 상황에서 사용자들은 "PNP(Plug and Play)"가 가능한 표준화된 통신 시스템을 요구하게 되었으며, 시스템 공급업체들은 그들 장비를 표준화하기 위한 노력을 하게 되었다. 그 결과 1980년대 초반 GM, IBM 등에 의해서 MAP(Manufacturing Automation Protocol)이 개발되었으며, 더욱 나은 응답시간의 보장을 위하여 Mini-MAP이 MAP 표준에 추가되었다. 그러나 MAP과 Mini-MAP은 생산 현장에서 생성되는 전송 지연에 민감한 데이터들의 실시간 전송에 적합하지 않은 것으로 평가되면서 1980년대 후반 필드 장비 간의 실시간 통신을 지원하기 위한 필드버스(Fieldbus)가 개발되었다. 특히, 필드버스는 점대점 연결 방식보다 이기종 장비 간의 상호 호환성을 보장할 수 있을 뿐만 아니라, 시스템의 확장성을 높이고 유지 보수가 쉽고 안정성이 증대되는 효과를 낳았다.

1980년대 말부터 산업용 네트워크 필드버스가 여러 지역 표준기관들에 의하여 개발되었으며, 1999년 말 Profibus, Fieldbus Foundation, WorldFIP 등과 같은 프로토콜을 포함하는 IEC 61158 필드버스가 국제표준으로 제정되었다. 필드버스는 현장 장치에서 발생하는 데이터들의 실시간 요구조건을 만족시킬 수 있다는 장점이 있지만, 하드웨어와 소프트웨어 설치가 전통적인 중앙집중식 방식과 비교하여 어렵고 여러 제조업체 간에 호환성이 부족하다는 단점을 가지고 있다. 최근에는, 이러한 필드버스의 문제점을 해결하려는 방법으로 사무용 통신에서 널리 사용되고 있는 스위치드 이더넷(Switched Ethernet)을 산업용 네트워크로 이용되고 있다. 스위치드 이더넷은 그림 1-7과 같이 산업용 네트워크의 백본 네트워크로 주로 사용되고 있다. 즉, 센서와 모터 사이의 데이터 교환이 주를 이루는 디바이스 계층(Device Level)에서는 Profibus-DP나 Foundation Fieldbus H1과 같은 필드버스가 주로 사용된다.

반면, PLC나 로봇 사이의 데이터 교환이 주를 이루는 셀 계층(Cell Level)과 산업용 컴퓨터와 데이터베이스 시스템 간의 데이터 교환이 주를 이루는 플랜트 계층(Plant Level)에서는 스위치드 이더넷이 주로 사용되고 있다. 여기에서, 필드버스와 이더넷은 게이트웨이를 통하여 데이터 교환이 이루어진다.

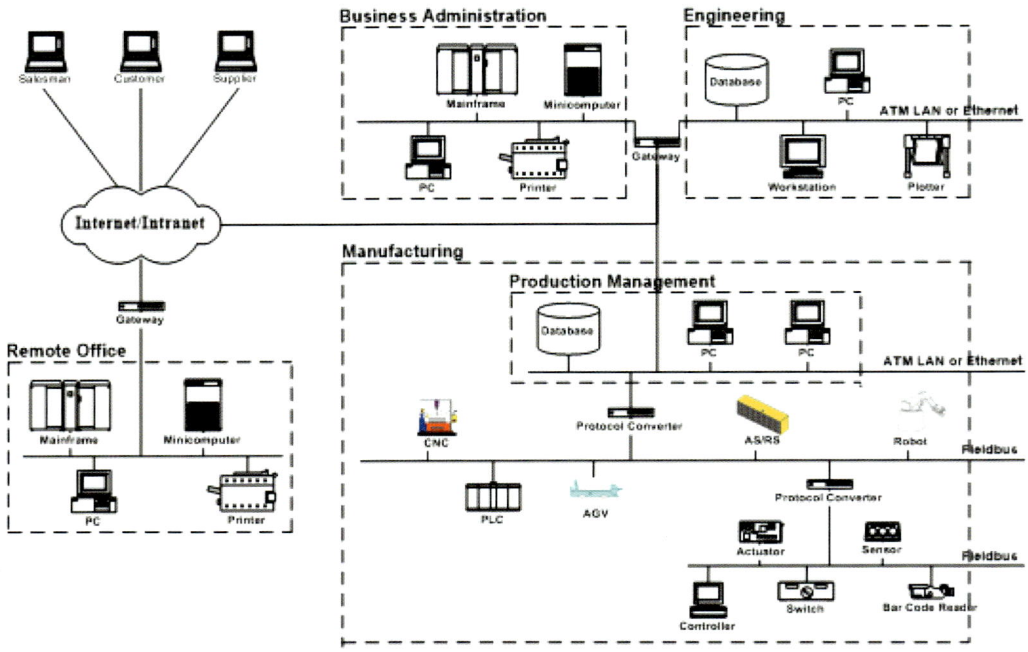

그림 1-7 산업용 네트워크 구성도

필드버스는 매체 접속 제어 방식에 따라 구분할 수 있으며 매체 접속 제어 방식은 라운드로빈(Round Robin), 경쟁(Contention), 예약(Reservation) 방식으로 구분한다. 라운드로빈 방식은 각 제어기에 일정한 시간 동안 순차적으로 전송할 기회를 주는 방식으로 각 제어기는 주어진 시간 동안 전송할 수 있으며 정해진 시간이 지나면 다음 순서의 제어기에 전송 권한을 넘겨주는 방식이다. 라운드로빈 방식은 중앙집중형으로 WorldFIP에 적용된 중앙제어기에 의한 스케줄링 방식이 있으며, 분산형으로는 Profibus에 적용된 토큰 패싱(Token Passing) 방식이 있다. 경쟁 방식은 각 제어기가 전송 권한을 획득하기 위해 서로 경쟁하는 방식으로 DeviceNet, LonWorks 등에서 변형된 CSMA(Carrier Sense Multiple Access)를 채택하고 있다. 예약 방식은 전송 매체를 슬롯(Slot)으로 나누고 각 제어기가 슬롯을 예약한 후 사용하는 방식으로 Interbus 등에서 채택하고 있다. 이외에도 IEC/ISA 필드버스와 Foundation Fieldbus는 토큰 패싱 방식과 스케줄링 방식을 동시에 사용하고 있다. 중앙제어기가 스케줄링 순서에 따라 토큰을 전송하며 각 제어기는 주어진 시간 동안 전송을 한 뒤 토큰을 중앙제어기로 전송하는 방식을 사용한다.

표 1-1 산업용 필드버스 프로토콜 특징

Fieldbus Name	Technology Developer	Governing Standard	Transmission Rate
ControlNet	Allen-Bradley	IEC 61158 Type 2	5M
Profibus	Siemens	IEC 61158 Type 3	9.6K-12M
Interbus-S	Interbus Club	IEC 61158 Type 8	500K
LonWorks	Echelon Corp.	ANSI/EIA 709	78K-1.25M
CANopen	CiA	CiA Spec.	10K-1M
DeviceNet	Allen-Bradley	ISO 11898	125, 250, 500K
P-Net	P-Net User Org.	IEC 61158 Type 4	9.6K
SwiftNet	Ship Star Association	IEC 61158 Type 6	78K-5M
FF H1	FF Association	IEC 61158 Type 9	31.25K
FF HSE	FF Association	IEC 61158 Type 5	100M
WorldFIP	WorldFIP	IEC 61158 Type 7	31.25K-2.5M
SDS	Honeywell	ISO 11989	125K-1M

03 홈 네트워크

홈 네트워크는 거주자에게 편리하고 안전하며 쾌적한 거주 환경을 제공하기 위하여 다양한 서비스가 통합되어 제공되는 새로운 주거 형태라고 할 수 있다. 홈 네트워크 기능은 가전제품, 멀티미디어 기기와 인터넷 기기 등에 의한 가사 활동의 지원부터 넓게는 공조 장치(Heating, Ventilating, and Air Conditioning), 자연조명(Natural Lighting) 등까지 인간 중심의 다양한 서비스로 점차 그 영역이 확대되고 있다. 홈 네트워크 기술은 거주자의 행동에 능동적으로 반응하고 원하는 상황에 가장 적합한 지능형 서비스를 제공하기 위하여 크게 두 가지의 기술로 나눠진다. 첫 번째 기술은 그림 1-8과 같이 전자제품, 멀티미디어 기기와 인터넷 기기들이 정보를 공유하고 거주자에게 효율적인 서비스의 제공을 위해 연결된 홈 네트워크 시스템이다. 이는 거주자의 상황 정보를 습득한 이후에 실제로 구현하기 위한 수단으로 활용됨으로써 거주자의 편의성과 안전성을 향상하는 기능을 수행하는 것이다. 그리고, 다른 하나의 기술은 홈이라는 하드웨어 자체가 환경 변화를 인지하고 판단할 수 있도록 하는 소프트웨어라고도 할 수 있는 상황인지 컴퓨팅(Context Aware Computing)과 관련한 기술이다. 이는 거주자의 상황이나 시간 환경 등의 상황 정보를 지능적으로 인지해서 홈 네트워크를 통해 정보가 전달되어 거주자에게 적절한 서비스를 제공하는 것으로 이어져서 스마트 홈이 최종적으로 구현되게 하는 기술이다.

현재, 다양한 홈 네트워크용 프로토콜이 개발되어 전자제품 제어, 조명 제어, 온도 제어, 에너지 관리, 홈 보안 등과 같은 분야에 사용되고 있다. 가장 대표적인 프로토콜로서는 Konnex Association에 의하여 발표된 KNX 표준으로서 홈 및 빌딩 자동화를 위한 유럽 표준인 EN 50090 표준으로 제정되었다. Echelon에 의하여 개발된 Lonworks은 ANSI/CEA -709.1-B 표준으로 제정되었으며 가장 널리 사용되고 있는 표준이다. 특히, 국내에서는 LG 전자에 의하여 LnCP(Living network Control Protocol)이 개발되어 적용된 바 있다. 이 외에도 홈 네트워크용 프로토콜로는 HomeRF나 ZigBee, IEEE 802.11과 같은 다양한 프로토콜이 개발되었거나 개발되고 있다.

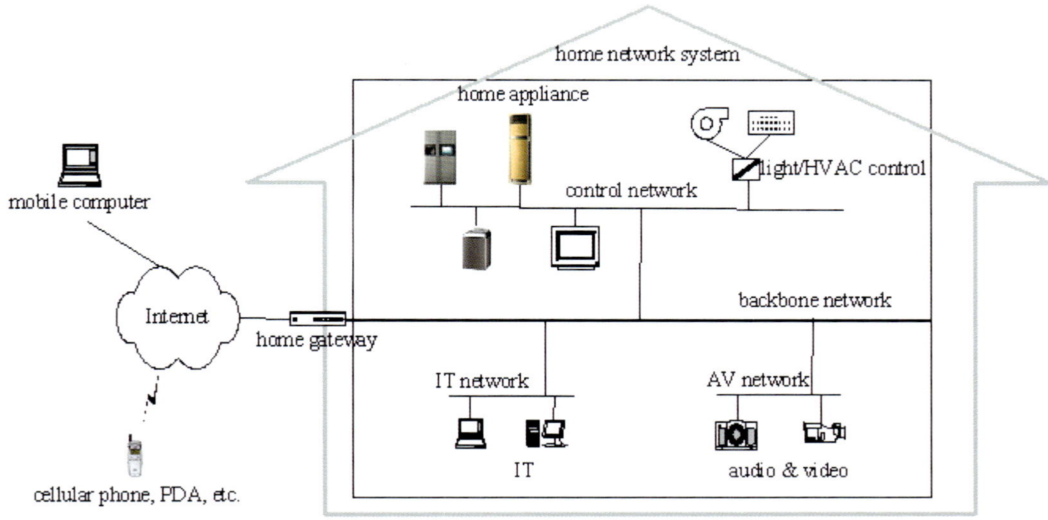

그림 1-8 홈 네트워크 구성도

04 무선 필드버스

무선 필드버스는 자동화 시스템의 기기 레벨에서 센서나 액추에이터, 컨트롤러들 사이의 실시간 통신에 사용되는 적절한 무선 통신 방법의 하나이며 필드버스가 적용되는 자동화 공장, 발전소, 기차, 선박 등의 산업용 기기에 적용되고 있다. 무선 필드버스를 적용함으로써 다음과 같은 기술적 장점을 확보할 수 있다. 첫째, 무선 네트워크 기술이 산업 현장의 자동화 기기들에 유연하게 적용된다. 현재 사용되고 있는 여러 무선 네트워크의 기술들이 접목되면서 기존에 쓰던 통신 장비의 재사용성이 높아진다. 둘째, 유선 네트워크에서의 배선 문제로 인한 공간 및 중량 문제를 해결할 수 있으며 장치 제어기의 단순화 등에 유용하다. 셋째, 통신 장비의 설치 시간을 단축할 수 있고 이는 유지와 보수의 쉬움으로 이어진다. 마지막으로, 장치에 이동성이 부여됨으로써 장치 간의 공간적 제약을 극복할 수 있다.

이러한 무선 필드버스를 이용한 예는 자동차 분야의 타이어 공기압 감지 시스템(Tire Pressure Monitoring System)을 들 수 있다. 타이어 공기압 감지 시스템은 타이어의 상태를 계속해서 감시하여 정차 및 운행 중 타이어의 공기압 변화로 주행 안정성에 방해가 될 상황에 도달하면 운전자에게 경고해 주어 주행 안정성을 확보해 주는 시스템이다. 그림 1-9는 타이어 공기압 감지 시스템의 구성도와 데이터 흐름도를 나타내고 있다. 타이어와 함께 회전하는 휠 모듈은 별도의 기계적 접촉을 구성하기 어려워 자체 내장된 배터리를 사용해 타이어 내부의 온도 및 압력, 그리고 자신의 고유 ID를 주기적으로 송신한다. 송신된 데이터는 각 타이어의 근처에 설치된 안테나에 의해 수신되고 유선으로 TPMS 제어기에 전달된다. 타이어 데이터는 CAN 통신으로 계기판에 공유되고 운전자에게 타이어 상태정보를 제공한다.

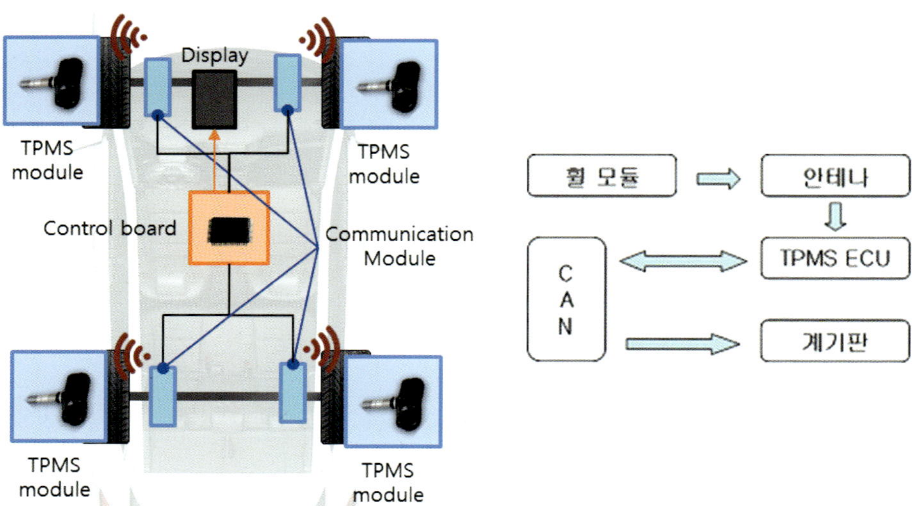

그림 1-9 타이어 공기압 자동 감지 시스템 구성도

무선 필드버스의 대표적 기술은 블루투스(Bluetooth) 기반의 산업용 무선 제어 시스템, 무선 랜(IEEE 802.11 계열) 기반의 산업용 무선 제어 시스템과 IEEE 802.15.4 기술이다. 이 중 블루투스는 휴대용 배터리 기반의 전자 기기 간의 연결을 위한 케이블을 무선화하려는 무선 인터페이스 기술이다. 블루투스 기술은 택배 회사들이 패키지 분류 센터 및 보관 센터 등에 패키지 추적 데이터를 전송하는 용도나 어떤 상태를 감시하는 센서 장비들 사이의 통신에 사용되는 등 산업 공정에 사용하고 있다. 그뿐만 아니라, 상업용 차량에 설치되어 운전자 사이의 통신, 핸즈프리(Hands Free), 데이터 캡처(Data Capture) 등에 블루투스 기술이 사용되고 있다. 블루투스는 최소의 구성을 의미하는 피코넷(Piconet)에서 중앙에 마스터 역할을 하는 중앙 노드와 다른 노드들은 슬레이브 역할을 하는 별 모양의 토폴로지 형태를 가진다. 슬레이브는 최대 7개로 제한되어 있으며 채널 접근은 기본적인 폴링 메커니즘으로 슬레이브 노드들이 마스터 노드로부터 폴 패킷을 받을 때만 데이터를 전송할 수 있다. TDMA(Time Division Multiple Access) 방식의 전이중 방식 (Full-Duplex) 통신이 가능한 것이 특징이다.

IEEE 802.11 표준은 유선 이더넷 네트워크의 무선 부분에 상응하는 것으로 현재 무선 LAN(Local Area Network)의 실제적인 표준이다. IEEE 802.11 표준은 물리 계층과 매체 접속 제어 계층의 표준을 제공하며 802.11a/b/g/e와 같이 여러 개의 표준이 존재한다. 사용 주파수 대역은 IEEE 802.11b/g는 2.4GHz ISM 대역을, 802.11a는 5GHz ISM 대역을 사용한다. 802.11g와 802.11a는 OFDM(Orthogonal Frequency Division Multiplexing) 변조 방식을 사용하며 최대 54Mbps(Bit Per Second)까지 전송할 수 있다. 802.11g 표준은 802.11b 표준을 수용할 수 있으며 산업용 환경에서 하이브리드 형태를 사용하기 위해 가장 많은 연구가 진행 중이다. 그림 1-10은 산업용 이더넷 네트워크를 802.11 표준 기반인 무선 랜으로 확장한 구성도를 나타내고 있다. 지점 A에서 액세스 포인트에 의해 포함되는 지역을 벗어나 지점 B로 이동하는 기기 간의 무선 채널을 감시하기 때문에 각 기기에 이동성을 부여할 수 있다.

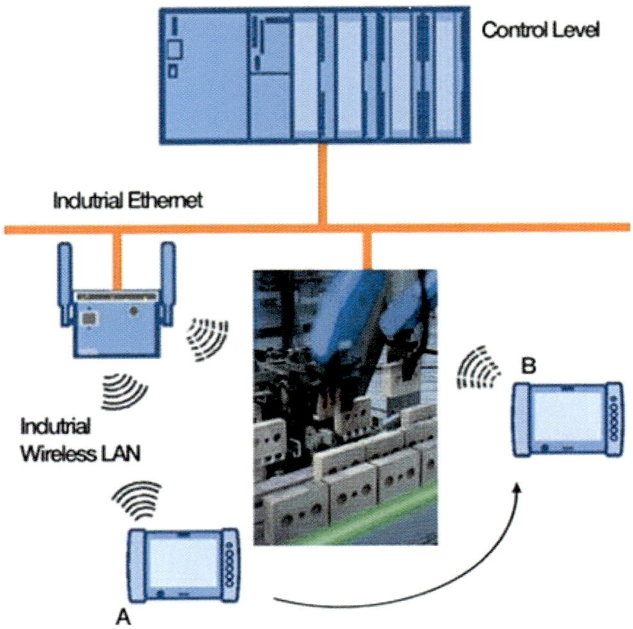

그림 1-10 산업용 이더넷 무선 확장 구성도

IEEE 802.15.4 기술은 무선 센서와 제어 장치를 위한 특수한 요구 사항을 충족하기 위한 저비용, 저전력 무선 통신을 구현하기 위한 기술이다. 블루투스나 무선 랜과 대조적으로, IEEE 802.15.4의 네트워크에 소속된 장치들은 빈번한 통신을 목적으로 하지 않으며 적은 양의 데이터를 비교적 긴 시간을 두고 전송한다는 특징이 있다. IEEE 802.15.4는 낮은 전력 레벨을 사용하고 패킷 심볼 전송 비율을 매우 낮춤으로써(최대 62.5 ksymbol s/s) 산업 현장에서 발생할 수 있는 지연 시간에 대처할 수 있도록 했다. IEEE 802.15.4를 이용한 기술에는 ZigBee가 있다. ZigBee는 저전력, 초소형, 저비용을 특징으로 하며 반경 10~20m 내에서 250kbps의 속도로 데이터를 전송할 뿐만 아니라 65,000개 이상의 노드를 연결할 수 있다. 또, 이중 물리 계층 형태로 주파수 대역은 2.4GHz, 868/915MHz를 사용하고, 모뎀 방식은 직접 시퀀스 확산 스펙트럼이며 데이터 전송 속도는 20~250kbps이다. ZigBee는 지능형 홈 네트워크, 빌딩 및 산업용 기기 자동화, 물류, 환경 모니터링, 사용자 인터페이스, 헬스케어, 텔레매틱스, 군사 등 다양한 유비쿼터스 컴퓨팅 환경에 폭넓게 활용될 전망이다. 특히 소형으로 전력 소모량이 적고 값이 싸 향후 유비쿼터스 핵심 솔루션으로 주목받고 있다.

표 1-2 무선 필드버스 기술 비교

	블루투스	IEEE 802.15.4	IEEE 802.11.a/b/g
통신거리	10(50~100m)	10m	50~100m
최대 전송 데이터	723kbps	〈 125kbps	30.6Mbps(이더넷) 2.6Mbps(60byte payload)
전력 소모	낮음	매우 낮음	중간
데이터 주기성	있음 (polling 알고리즘)	있음	DCF : 없음 PCF : 있음
재전송	있음	있음	있음
FEC	구현 가능	없음	없음
노드 수	8	2~65,000	-
주파수 대역	2.4GHz ISM	868MHz, 909~928MHz, 2.4GHz ISM	5~6GHz/2.4GHz/ 2.4GHz
물리 계층	FHSS/AFH	DSSS	OFDM/DSSS

02

PART

데이터 통신

CHAPTER 01 데이터 통신

01 데이터 통신

(1) 기본 통신 모델

내장형 네트워크 시스템은 마이크로컨트롤러와 같은 통신 노드(Communication Node) 또는 스테이션(Station) 간에 데이터를 원활하게 교환하는 것을 목적으로 하고 있다. 그림 2-1은 단순화된 네트워크 시스템의 통신 모델을 나타내고 있으며 통신 모델의 주요 요소는 다음과 같다.

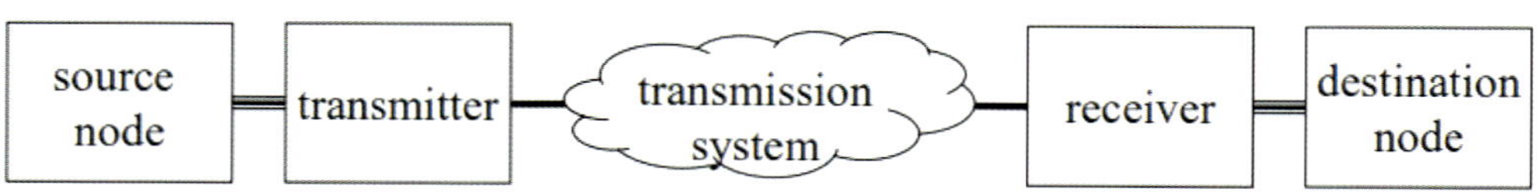

그림 2-1 기본 통신 모델

- 발신지 노드(Source Node) : 내장형 네트워크 시스템에서 발신지 노드는 센서나 스위치로부터 ADC(Analog-to-Digital Converter)나 외부 인터럽트(External Interrupt) 등을 이용하여 자료를 수집하고 이진 데이터(Digital Binary Data)로 만드는 임무를 수행한다. 또한, 이진 데이터에 발신지 노드와

목적지 노드의 주소(Address), 에러 감지 코드(Error Detection Code) 등을 추가하여 프레임(Frame)으로 변환하는 임무를 수행한다.

- 송신기(Transmitter) : 송신기는 발신지 노드에서 생성된 프레임을 전송 매체(Transmission Medium)을 통하여 전송할 수 있도록 전자기적 신호(Electro-Magnetic Signal)로 변환(Encoding)하는 임무를 수행한다.
- 전송 시스템(Transmission System) : 송신기에서 생성된 전자기적 신호는 전송 매체(Transmission Medium)를 통하여 목적지 노드로 전송된다. 여기에서, 발신지 노드와 목적지 노드를 연결하는 전송 시스템은 점대점 연결 방식일 수도 있고, 네트워크 연결 또는 다중점 연결(Network Link or Multi-Point Link) 방식일 수도 있다.
- 수신기(Receiver) : 수신기는 전송 매체로부터 수신된 전자기적 신호를 목적 자기 노드가 사용할 수 있도록 이진 데이터로 변환하는 임무를 수행한다. 일반적으로, 송신기와 수신기를 합하여 송수신기 또는 트랜시버(Transceiver)라고 부른다.
- 목적지(Destination) : 목적지 노드는 수신기로부터 들어오는 이진 데이터를 받는다. 전자기적 신호가 전송 시스템을 통하여 전송될 때 외부의 전송 손상(Transmission Impairment)으로 프레임에 에러가 발생할 수 있다. 목적지 노드는 프레임에 오류가 있는지를 검사하는 소임을 수행이어야 한다. 또한, 프레임에 오류가 없는 경우, 전송이 제대로 이루어졌음을 발신지 노드에 알리기 위하여 응답 확인(Acknowledgement) 프레임을 보내기도 한다.

(2) 통신 기능

내장형 네트워크 시스템은 마이크로컨트롤러와 같은 통신 노드(Communication Node) 또는 스테이션(Station) 간에 데이터를 원활하게 교환하는 것을 목적으로 그림 2-2와 같은 네트워크 시스템의 통신 모델을 통해 주요한 기능을 수행한다.

- 분할(Segmentation)과 재조립(Reassembly) : 발신지 노드에서 생성되는 데이터는 매우 클 수도 있다. 예로, 디지털 센서의 경우에는 1bit의 크기를 가지지만, 운영 소프트웨어 등은 매우 긴 길이를 가진다. 따라서, 매우 큰 데이터를 전송 시스템을 통하여 효율적으로 전송하기 위해서는 이진 데이터를 다수의 작은 블록(Block)으로 나눠야 한다. 분할된 데이터 블록의 순서를 표시하기 위하여 순서번호(Sequence Number)가 할당되어야 한다.
- 메시지 형식화(Message Formatting) : 발신지 노드에서 생성된 데이터는 네트워크 시스템에서 요구되는 다양한 기능들을 충족시키기 위하여 메시지 형식화가 이루어져야 한다. 예로, 발신지 노드의 주소나 목적지 노드의 주소가 데이터에 포함되어야 하며, 에러 회복(Error Recovery)을 위하여 에러 감지 코드(Error Detection Code) 등이 추가되어야 한다. 메시지 형식화에 따라 데이터에 추가되는 비트들을 오버헤드(Overhead)라 하며, 이렇게 만들어진 것을 프레임(Frame)이라 한다.
- 신호 생성(Signal Generation)과 인코딩(Encoding) : 발신지 노드에서 생성된 프레임은 목적지 노드로 전송되기 위하여 전자기적 신호로 변환, 즉 인코딩(Encoding)되어야 한다. 신호는 신호의 형태, 주기, 세기 등을 가지며, 전송 시스템을 통하여 전파된다.
- 전송 매체(Transmission Medium) : 송신기에서 만들어진 전자기적 신호는 STP(Shielded Twist Pair), UTP(Unshielded Twist Pair), 광케이블(Optical Cable)과 같은 유선 전송 매체(Wired Transmission Medium)을 통하여 전송된다. 또한, 전자기적 신호는 공기나 물 등과 같은 무선 전송 매체(Wireless Transmission Medium)를 통하여 전송되기도 한다.
- 인터페이스(Interface) : 통신 모델에서 발신지 노드와 목적지 노드는 트랜시버와 물리적으로 연결되어야 한다. 원활한 통신이 이루어지기 위해서는 노드와 트랜시버가 효율적으로 상호 작용을 할 수 있도록 연결 방법이 마련되어야 한다.

이러한 연결 방법을 인터페이스라고 부르며, RS232C 등과 같은 인터페이스 방법이 사용된다.

- 토폴로지(Topology) : 토폴로지는 네트워크에 부착된 노드가 물리적으로 서로 연결되는 방법을 말한다. 트랜시버는 전송 매체를 통하여 다양한 방법으로 서로 연결되어 있다. 이러한 연결 방법으로는 버스(Bus), 스타(Star), 링(Ring), 메쉬(Mesh) 등과 같은 방법이 있다.
- 주소 지정(Addressing) : 발신지 노드에서 생성된 데이터가 목적지 노드로 정확하게 전송되기 위하여 발신지 노드와 목적지 노드의 주소가 할당되어야 한다.
- 흐름 제어(Flow control) : 발신지 노드는 목적지 노드의 데이터 수신 속도보다 더 빠른 속도로 전송을 하여서는 안 된다. 또한, 수신지 노드가 자신의 버퍼에 있는 프레임을 처리하기 전에 버퍼 크기를 넘어서는 프레임을 발신지 노드는 전송해서는 안 된다. 발신지 노드는 흐름 제어 기능을 이용하여 목적지 노드의 수신 및 처리 속도에 맞추어 프레임을 전송해야 한다.
- 오류 검출(Error Detection)과 오류 제어(Error Control) : 프레임이 전송되는 동안 다양한 전송 손상으로 오류가 발생할 수 있다. 목적지 노드에서는 수신된 프레임에 오류가 있는지를 검사할 수 있어야 하며, 오류가 발생하였을 경우 오류를 해결하기 위하여 오류 제어 기능을 수행해야 한다.
- 매체 접속 제어(Medium Access Control) : 발신지 노드들은 공유된 전송 매체에 연결되어 있다. 이로 인하여, 여러 개의 발신지 노드들이 프레임을 동시에 전송할 때 전송 매체에서 프레임 간의 충돌(Collision)이 발생한다. 이를 방지하기 위하여 발신지 노드 간의 전송순서를 결정하는 매체 접속 제어 기능이 필요하다.

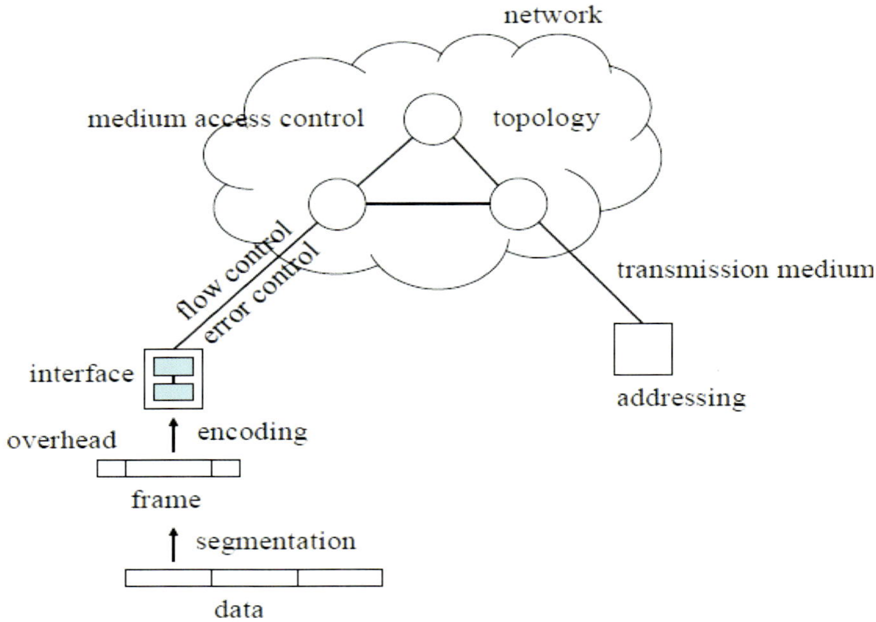

그림 2-2 내장형 네트워크 시스템의 통신 기능

02 프로토콜과 계층 구조

(1) 프로토콜과 표준

내장형 네트워크 두 개의 통신 노드 간에 신뢰성 있는 통신이 이루어지기 위해서는 같은 통신 기능들을 사용하여 통신을 수행해야 한다. 즉, 두 통신 노드들은 같은 언어로 이야기해야 한다. 서로 무엇을 교환하며, 어떤 신호를 이용할 것이며, 언제 어떤 방식으로 전송할 것인지에 대해서 두 통신 노드 간에 약속이 이루어져 있어야 한다. 그림 2-3(a)과 같이 두 개의 스테이션 A, B가 인코딩, 흐름 제어, 에러 제어 등에서 똑같은 통신 기능들을 사용하면 성공적으로 통신이 이루어진다. 그러나, 그림

2-3(b)와 같이 두 개의 스테이션 A, B가 서로 다른 통신 기능을 사용하면 통신이 이루어질 수 없다. 이처럼 네트워크에 참여한 통신 노드 간에 약속된 통신 기능들을 모아서 상호 합의한 것을 프로토콜(Protocol)이라 한다. 즉, 프로토콜은 통신 노드들이 지켜야 하는 규칙들의 모임이다. 따라서, 네트워크에 참여하려고 하는 통신 노드들은 프로토콜에 정의된 통신 기능에 따라 구현되어야 한다.

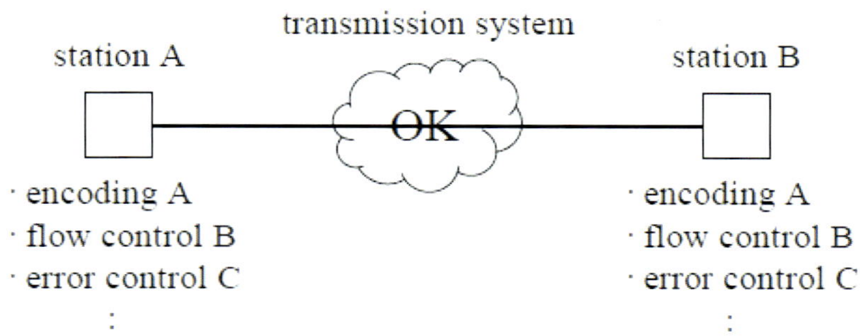

(a) successful transmission

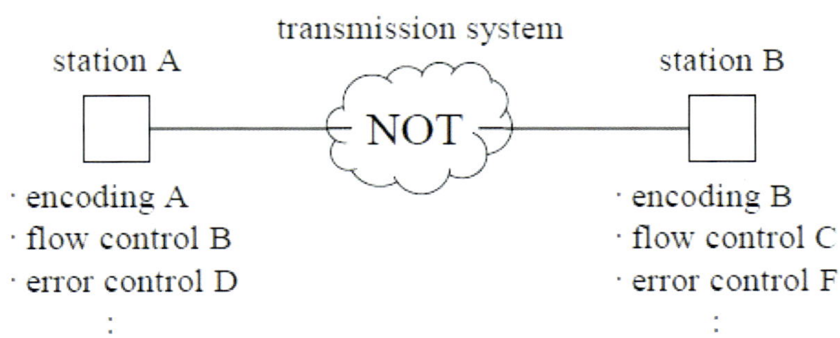

(b) uncessful transmission

그림 2-3 프로토콜의 필요성

프로토콜은 특정 업체나 특정 단체에 의하여 제정되기도 하며, 특정 업체의 이익을 위하여 독점적으로 사용되기도 한다. 그러나, 특정 프로토콜이 특정 업체에 의해서만 독점적으로 사용된다면 다른 업체들이 해당 프로토콜을 채택하는 것이 불가능하게 됨으로써, 여러 업체에서 제작된 통신 노드 간에 상호 동의(Interoperability)에 제한을 주게 될 것이다. 따라서, 여러 업체가 같은 프로토콜을 이용하여 통신 노드들을 제작할 수 있도록 ISO(International Standards Organization)나 IEEE(Institute of Electrical and Electronics Engineers)와 같은 국제 표준화 단체나 KS(Korean Standard)와 같은 국내 표준화 단체에 의하여 표준(Standard)으로 제정된다.

자동차를 포함하는 내장형 네트워크 시스템에서 표준은 사실 표준(De Facto Standard)과 공적 표준(De Jure Standard)으로 나눌 수 있다. 사실 표준은 특정 표준기관에 의하여 공인되지는 않았으나 널리 사용되고 있는 표준을 의미한다. 인터넷에서 사용되고 있는 TCP/IP나 HTTP 등이 사실 표준에 해당한다. 공적 표준은 특정 표준기관에 의하여 입법화된 표준을 의미한다. 인터넷의 물리 계층(Physical Layer)과 데이터링크 계층(Data Link Layer)으로 사용되고 있는 IEEE 802.3이 여기에 해당한다. 그뿐만 아니라, 표준은 다음과 같이 단일 표준화와 복수 표준화로 나눌 수 있다. 단일 표준화는 두 개 이상의 지역 표준이나 컨소시엄형 표준이 경쟁하다가 하나의 사실 표준 또는 공적 표준으로 인정받는 경우이다. 인터넷을 위한 물리 계층과 데이터링크 계층으로는 IEEE 802.3, IEEE 802.4, IEEE 802.5 등과 같은 다양한 표준이 IEEE에 의하여 제정되었다. 그러나, 현재 IEEE 802.3이 경쟁에서 승리하고, 시장에서 유일하게 살아남았다. 복수 표준화는 여러 개의 지역 표준이 국제표준으로 제정되거나 사실 표준으로 인정받는 경우이다. 대표적으로 IEC 61158 필드버스나 셀룰러 폰이 여기에 해당한다. IEC 61158 필드버스의 경우에는 초기에 국제표준을 제정하려고 시도를 하였으나 실패하고, Profibus, WorldFIP, Foundation Fieldbus, CANOpen 등과 같은 다양한 지역 표준들이 IEC 61158 필드버스에 포함되었다. 반면, 셀룰러 폰의 경우 북미 지역에 서는 CDMA 방식이, 유럽 지역에서는 GSM 방식이 표준으로 인정받았다.

국제적으로 공인되고 있는 국제 표준화 기관으로는 다음과 같은 기관들이 있다. ISO(국제표준기구)는 세계 각국의 표준제정위원회에서 선정된 위원들로 구성된 다국적 기구이다. IEEE(전기 · 전자공학자협회)는 세계에서 가장 큰 전문 공학학회이다. IEEE는 컴퓨터와 통신 관련 각종 표준을 제정하는 임무를 수행하고 있다. 주로, 네트워크 시스템에서 물리 계층과 데이터링크 계층에 관한 표준을 제정한다. EIA(Electronics Industries Association, 전자산업협회)는 전자산업의 발달을 촉진하기 위하여 설립된 비영리기관이다. EIA는 주로 데이터 통신의 물리적인 연결 인터페이스와 전자 신호의 규격을 규정하는 등의 임무를 수행해 왔다. EIA에서 제정된 대표적인 표준으로는 EIA-232가 있다.

(2) 계층 구조

내장형 네트워크 시스템에서 통신 기능은 매우 복잡하므로 하나의 그룹으로 통합하여 기능을 구현하는 것은 매우 비효율적이다. 예로, 복잡한 통신 기능이 하나의 프로토콜로만 제정되어 있다면, 통신 노드를 개발하려는 업체들은 모든 통신 기능들을 하나의 모듈에 구현하여야 한다. 즉, 통신 기능에는 신호 생성이나 전송 매체와 같은 하드웨어적인 기능도 있고, 에러 감지와 같은 소프트웨어적인 기능도 있는데, 이러한 기능 모두를 한 업체에서 동시에 개발하는 것은 매우 비효율적이라 볼 수 있다.

따라서, 전체 통신 기능을 하나의 모듈로 구현하는 대신에 여러 개의 그룹으로 나누고(Decompose), 이 그룹들을 개별적으로 구현하는 모듈화 구조(Modular Architecture) 또는 계층 구조(Layer Architecture)를 사용하는 것이 효과적이다. 일반적으로, 네트워크 시스템에서 계층들은 그림 2-4와 같이 수직적으로 배열된다. 각 계층에는 전체 통신 기능들이 각 계층의 특성에 맞게 적절하게 분배된다. 각 계층은 상대방 통신 노드의 각 계층(Peer Layer N)과 통신하는 데 필요한 기능들이 프로토콜로 정의되어 있다. 예로, 상대 통신 노드의 N 계층에 필요한 인코딩과 같은 통신 기능이 여기에 해당한다. 이러한 동료 계층(Peer Layer)은 같은 프로토콜을 사용하여 정해진 규칙에 따라 정해진 형식의 데이터 블록들을 교환함으로써 통신을 수행한다.

또한, 각 계층에는 상위 계층 및 하위 계층과 인터페이스를 위한 기능들이 서비스로 정의되어 있다. 예로, 상위 계층이 하위 계층으로 데이터를 보낼 때 사용하는 서비스나 하위 계층이 상위 계층으로 데이터를 보낼 때 사용하는 서비스가 여기에 해당한다. 계층 간의 서비스, 즉 인터페이스만 잘 정의되어 있으면, 각 계층은 상 · 하위 계층의 기능을 알지 못하더라도 신뢰성 있는 통신에 아무런 문제가 없다.

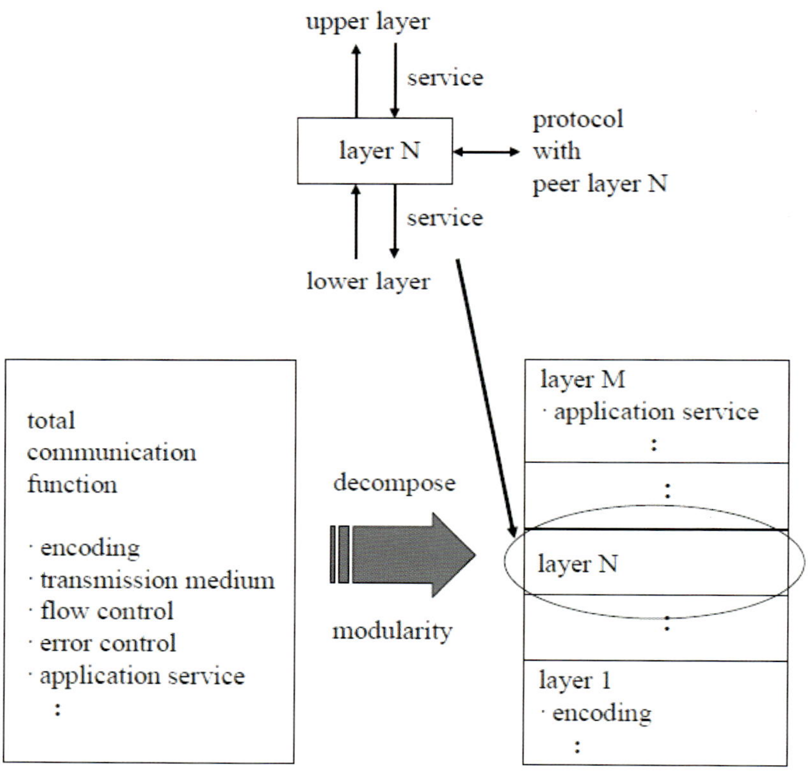

그림 2-4 계층 구조의 필요성

각 계층은 국제 표준화 기관에 의하여 프로토콜 또는 표준으로 제정된다. 따라서, 하나의 통신 시스템은 자신의 계층 구조에 따라 정해진 몇 개의 계층에 해당하는 프로토콜들의 합으로 구성된다. 계층 구조는 여러 가지 장점이 있다. 각 계층의 기능이 잘 정의되어 있으므로, 각 계층에 대한 표준화 작업이 상호 독립적으로 동시에 진행될 수 있다. 따라서, 네트워크 시스템의 표준화 작업이 빨리 진행될 수 있도록 돕는다. 계층 간의 경계가 잘 정의되어 있으므로, 한 계층에서 프로토콜이 변화되더라도, 이미 존재하는 다른 계층에는 전혀 영향을 미치지 않는다. 따라서, 다른 계층의 프로토콜에 영향을 주지 않고도, 새로운 프로토콜의 개발을 쉽게 한다. 계층 간의 서비스가 잘 정의되어 있으므로, 개발업체들은 각 계층만을 구현하여 빠르게 제품들을 개발할 수 있다. 또한, 정의된 서비스를 잘 구현하기만 하면, 다른 계층과의 인터페이스에는 전혀 문제가 없다.

발신지 노드와 목적지 노드 간에 신뢰성 있는 통신이 이루어지기 위해서는 같은 계층 구조를 가져야 한다. 또한, 각 동료 계층에서는 같은 프로토콜들이 사용되어야 한다. 이러한 형태를 그림 2-5와 같이 논리적으로 또는 물리적으로 연결되어 있다고 말한다. 그림 2-5에서, 전송되어야 할 데이터는 분할을 거쳐서 여러 개의 데이터로 분할된다. 분할된 데이터에는 각 계층에서 필요로 하는 통신 기능을 데이터에 추가시키기 위하여 헤더(Header)와 트레일러(Trailer)와 같은 오버헤드(Overhead)들이 첨가된다. 예로, 발신지 주소나 목적지 주소, 에러 감지 코드 등이 오버헤드에 해당한다. 이렇게 데이터에 오버헤드가 첨가된 것을 PDU(Protocol Data Unit)라 한다. 최종적으로 오버헤드들이 첨가되어 1계층까지 왔을 때, 이를 프레임이라 부른다. 즉, 프레임에는 최상위계층에서 만들어진 데이터에 각 계층에 필요한 다양한 오버헤드들이 첨가되어 있다.

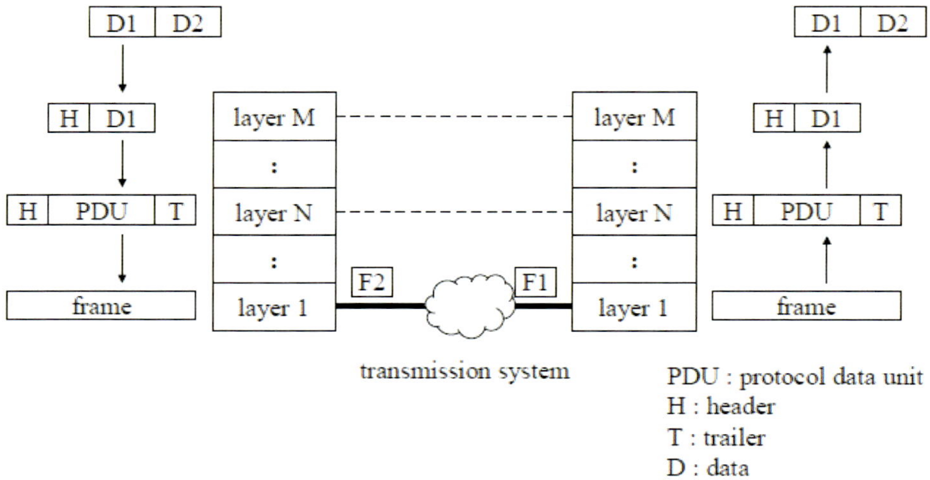

그림 2-5 계층 간의 논리적 연결

계층 구조는 복잡한 통신 기능을 모듈화함에 따라, 내장형 네트워크 시스템을 단순하게 만든다는 장점이 있다. 그러나, 계층 구조를 사용하게 되면, 계층별로 오버헤드를 붙이게 된다. 이러한 오버헤드는 프레임의 길이를 길게 함으로써, 전송 매체를 낭비하게 되는 결과를 주게 된다. 따라서, 계층을 몇 개로 나눌 것인가는 각 계층을 얼마나 많이 나누어야 네트워크 시스템이 단 순해질 것이냐와 오버헤드를 최소화할 수 있는 계층이 몇 개인가에 따라 신중하게 결정되어야 한다.

03 ISO 참조 모델

(1) ISO 참조 모델 구조

OSI(Open System Interconnection, 개방 시스템 상호 연결) 참조 모델(Reference Model)은 1974년 ISO에서 전형적인 통신 시스템의 계층 구조로서 제안되었다. OSI

참조 모델은 통신 기능들을 가진 특정 프로토콜이 아니라, 유연하고 안전하며 상호 연동이 가능한 네트워크 구조를 이해하고 설계하기 위한 계층 구조에 관한 모델로서 제안되었다. OSI 참조 모델은 그림 2-6과 같은 계층으로 구성되어 있다.

- 물리 계층(Physical Layer, PHY) : 전송 매체를 통해 전자기적 신호를 전송하는 데 필요한 기능들을 다룬다. 물리 계층은 트랜시버 간의 프레임 전송에 관계된 전송 매체, 커넥터(Connector), 인코딩 등에 관하여 규정하고 있다. 또한, 물리 계층은 노드와 트랜시버 간의 인터페이스(Interface)에 관한 기계적, 전기적, 기능적, 절차적 규격을 규정하고 있다.
- 데이터링크 계층(Data Link Layer, DLL) : 두 개의 직접 연결된 트랜시버 간의 신뢰성 있는 데이터 전달에 관한 기능을 다룬다. 데이터링크 계층은 메시지 형식화, 주소 지정, 흐름 제어, 에러 제어, 매체 접근 제어 등을 규정하고 있다.
- 네트워크 계층(Network Layer, NL) : 두 통신 노드가 같은 네트워크에 연결되어 있으면 네트워크 계층이 필요하지 않다. 그러나, 이기종의 네트워크를 연결하는 게이트웨이와 같은 장치로 서로 다른 네트워크에 연결된 두 개의 통신 노드 간에 신뢰성 있는 데이터 전달이 필요한 경우, 즉 두 네트워크가 서로 다른 프로토콜을 사용하는 경우, 네트워크 계층과 수송 계층이 필요하다. 네트워크 계층은 발신지 노드에서 목적지 노드까지 프레임을 전달하는 것을 책임진다. 주로, 연결 제어(Connection Control)나 경로 배정(Routing) 기능이 네트워크 계층에서 구현된다.
- 수송 계층(Transport Layer, TL) : 수송 계층은 발신지 노드와 수신지 노드 간의 신뢰성 있는 데이터 전달에 관한 기능을 다룬다. 수송 계층은 최종 통신 노드 간의 흐름 제어, 에러 제어 등을 규정하고 있다. 데이터링크 계층이 직접 연결된 두 개 통신 노드 간의 신뢰성 있는 데이터 전달에 관여한다면, 수송 계층은 여러 개의 매개체를 통하여 연결된 발신지 노드와 목적지 노드 간의 신뢰성 있는 데이터 전송에 관하여 규정하고 있다.

- 세션 계층(Session Layer, SL) : 세션 계층과 표현 계층은 OSI 참조 모델에서는 정의가 되어 있으나, 프로토콜 구현에서는 생략되거나 응용 계층에 포함되는 경우가 많다. 세션 계층은 대화 제어(Dialog Control)나 동기화(Synchronization) 등과 같은 기능을 규정하고 있다.
- 표현 계층(Presentation Layer, PL) : 표현 계층은 두 통신 노드 간에 주고받는 정보에 대하여 다룬다. 표현 계층은 암호화(Encryption)나 압축(Compression) 등과 같은 기능을 규정하고 있다.

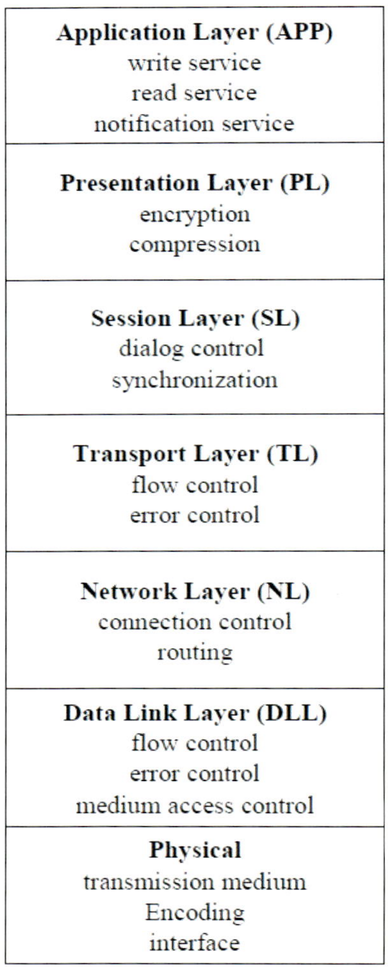

그림 2-6 ISO 참조 모델의 기능

- 응용 계층(Application Layer, AL) : 통신 노드에 접속된 객체(Object)가 네트워크에 접근할 수 있도록 해 준다. 응용 계층은 목적지 노드에 있는 센서로부터 값을 읽어오는 기능(Read Service)이나 구동기에 값을 기록하는 기능(Write Service), 고장 신호 등과 같은 정보를 다른 통신 노드들에 알리는 기능(Notification Service) 등을 정의한다. 응용 계층에서는 이러한 기능들을 서비스로 정의하며, 프로토콜의 특성에 따라 다양한 서비스들이 규정하고 있다.

일반적으로, 차량 내부 네트워크나 산업용 네트워크와 같은 내장형 네트워크 시스템에서는 같은 전송 매체를 사용하여 하나의 네트워크로 구성하는 경우가 많다. 따라서, 다수의 내장형 네트워크 시스템은 그림 2-7과 같이 OSI 7계층 중에서 물리 계층, 데이터링크 계층, 응용 계층으로 구성된 3계층 구조를 가진다.

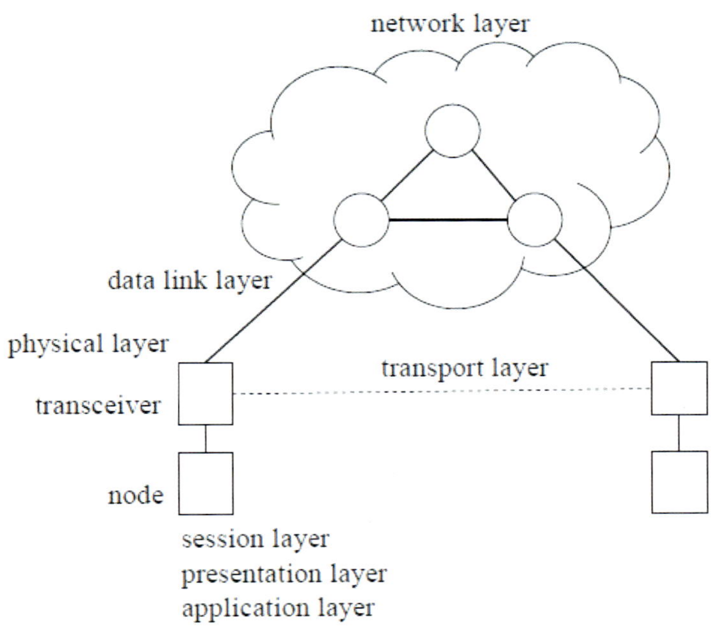

그림 2-7 내장형 네트워크 시스템에서 각 계층이 담당하는 범위

CHAPTER 02

물리 계층

01 데이터와 신호

(1) 데이터와 신호의 정의

대상 시스템을 분석 후 요구조건 및 제한조건을 선정 후, 초기 설계 파라미터를 결정하고 데이터는 어떤 의미 또는 정보를 전달하는 개체로 정의할 수 있다. 인간 혹은 컴퓨터 등의 기계가 관찰, 실험, 조사 등을 통해 얻은 가공되지 않은 사실이나 수치를 의미한다. 내장형 네트워크 시스템에서 사용되는 데이터는 그 특성에 따라 다양한 부류로 나눌 수 있다.

1) 아날로그 데이터와 디지털 데이터

아날로그 데이터는 어떤 구간에서 연속적인 값을 가지는 데이터이다. 예를 들어 음성이나 온도, 압력 등과 같은 센서 데이터는 세기가 연속으로 변화하는 모양을 가진다. 디지털 데이터는 0과 1의 값으로 구성된 데이터이다. 디지털 데이터의 대표적인 예는 문자를 이진수로 표현한 ASCII 코드이다. 이 코드에서 각 문자는 7bit로 표현되므로, 128개의 문자를 표시할 수 있다. ASCII 코드로 표현된 문자는 대부분 한 문자당 8bit 단위로 저장 또는 전송된다. 8번째 비트(0번 비트로서 LSB(Least

Significant Bit)는 오류 검출을 위한 패리티 비트로 사용된다. 이 비트는 각 바이트 내의 1의 수가 항상 홀수나 짝수가 되도록 조정된다. 또한, 디지털 센서나 스위치의 출력값도 디지털 데이터에 해당한다. ON/OFF 값만 가지는 디지털 센서나 스위치의 경우 그 출력값은 각각 0이나 1로 표현된다. 아날로그값을 내는 디지털 센서의 경우에는 정해져 있는 해상도에 따라 정수나 소수로 출력된다.

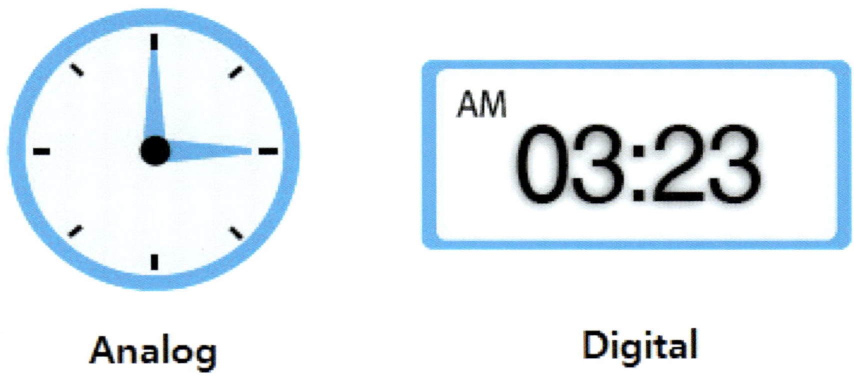

그림 2-8 아날로그 데이터와 디지털 데이터 예시

2) 주기 데이터와 비주기 데이터

주기 데이터는 일정 시간마다 반복하여 발생하는 데이터를 말한다. 주로 센서 데이터나 모터를 구동하기 위한 구동 신호 등은 주기 데이터에 해당한다. 일반적으로 주기 데이터는 발생 주기 내에 전송되지 않으면 새로 생성되는 데이터가 전송되는 게 효율적이다. 즉, 센서나 모터는 가장 최신의 값이 유의미한 값이기 때문이다. 비주기 데이터는 특정한 사건이 발생하였을 때 발생하는 데이터를 말한다. 비주기 데이터는 고장 신호나 위험 신호와 같은 운전자의 안전에 관계된 데이터일 수 있고, 장치의 운영 프로그램과 같은 안전과는 전혀 관계가 없는 데이터일 수도 있다.

3) 실시간 데이터와 비실시간 데이터

그림 2-9와 같이 그래픽 파일이나 데이터 파일 또는 장치의 프로그램과 같은 데이터는 전송 지연에 크게 민감하지 않을 뿐만 아니라 메시지의 길이도 상대적으로 길다. 그러나, 동기 신호, 센서 신호 또는 사건 신호 등과 같은 데이터는 길이는 상대적으로 짧으나 전송 지연에 매우 민감하게 반응한다. 즉, 전송 지연이 발생하였을 경우 전체 시스템의 성능에 큰 영향을 미친다. 이와 같은 특성에 기초하여 내장형 네트워크 시스템에서 생성되는 데이터는 실시간 메시지(Real-Time Data)와 비실시간 데이터(Non-Real-Time Data)로 나눌 수 있다.

messge type characteristic	graphic files	data files	numeric control programs	synchronization signals	sensor signals	event message
allowed delay	1-100s	1-100s	1-100s	1-100ms	20-100ms	0.1-80ms
message length	>10kbits	1-10kbits	>10kbits	8-64bits	<10kbits	8-84bits
frequency of appearance	rarely	very rarely	very rarely	very frequently	frequently	rarely
classification	non-real-time data			real-time data		

그림 2-9 실시간 데이터와 비실시간 데이터

실시간 데이터는 실시간 주기 데이터와 실시간 비주기 데이터로 나누어진다. 실시간 주기 데이터는 센서나 모터와 같은 장치들에서 생성되는 제어 신호로 1~8바이트의 짧은 길이로 1-100msec 사이의 일정한 간격으로 생성된다. 이러한 데이터들은 전송 지연에 매우 민감하여 다음 데이터가 생성되기 전까지 전송되어야 한다. 만약 그렇지 못할 때 제거되어 버림으로써, 시스템의 성능을 저하하는 직접적인 원인이 된다.

두 번째 종류는 실시간 비주기 데이터로 고장 신호나 상태 정보 등과 같은 사건 데이터로서, 1~8바이트의 짧은 길이로 불규칙적으로 생성된다. 이러한 데이터들은 전송 지연에 가장 민감한 유형으로, 가장 먼저 전송되어야 할 필요가 있다. 만약, 실시간 비주기 데이터가 허용된 전송 지연 시간(Allowed Transmission Delay Time) 내에 전송되지 못한다면, 시스템에 치명적인 영향을 줄 수 있다. 예로, 로봇이 동작하는 도중에 근처에 사람이나 벽이 있는 것을 감지하면 긴급하게 정지하여야 한다. 만약, 정지 데이터가 전송되지 못하여 제어기가 정지 명령을 내리지 못한다면 사고가 발생할 것이다.

세 번째 종류는 비실시간 데이터이다. 비실시간 데이터는 주기적이던, 비주기적이든 간에 데이터의 전송 지연과 관계없는 데이터이다. 이러한 데이터에는 내장형 네트워크 시스템에서 사용되는 각종 장비에 필요한 제어 프로그램이나 모니터링 데이터 등과 같은 데이터 파일들이다. 이러한 파일들은 상대적으로 10K 비트 이상의 긴 길이로 가끔 생성될 때도 있으며, 전송 지연에는 거의 영향을 받지 않는다.

일반적으로 내장형 네트워크 시스템에서는 실시간(Real-Time) QoS(Quality-of-Service)가 만족하도록 데이터의 전송 지연이 관리되어야 한다. 여기에서, 실시간 QoS란 각 데이터에 주어진 허용되는 전송 지연 시간을 말한다. 즉, 데이터는 생성되고 나서부터 정해진 시간 이내에 전송되어야만 실시간 QoS가 만족된다고 말한다. 대체로 실시간 데이터들은 생성 주기나 생성 주기의 $\frac{1}{2}$ 이내에 전송되어야 실시간 QoS가 만족하였다고 말할 수 있다.

신호는 데이터의 전자기적 표현이다. 신호 방식(Signaling)은 적절한 전송 매체를 통해 신호를 물리적으로 전파하는 것이다. 내장형 네트워크 시스템에서, 데이터는 전자기 신호로 한 지점에서 다른 지점으로 전파된다. 아날로그 신호는 다양한 전송 매체를 통해 전파될 수 있는 연속적인 전자기 파이다. 아날로그 신호는 주로 트위스트 페어와 같은 각종 케이블과 같은 유선 전송 매체나 공기나 물과 같은 무선 전송 매체를 통하여 전송된다. 그림 2-10(a)는 아날로그 신호의 예를 보여주고 있다. 온도는 상한과 하한이 존재하지 않는 매우 넓은 영역의 값을 가지고 있다. 온도 센서는 센서의 특성에 따라 상한과 하한을 가지고 있다. 일반적으로 많이 사용되는 반도체로 만들어진 온도 센서는 0℃에서 100℃까지 측정할 수 있다. 이렇게 측정된 온도는 0V에서 5V 값으로 출력된다. 따라서, 그림에서 아날로그 신호의 상한과 하한은 각각 5V와 0V가 된다.

디지털 신호는 유선 전송 매체를 통해 전송될 수 있는 전압 펄스의 열로 구성된다. 예로, 양의 전압은 0을, 음의 전압은 1을 나타낸다. 디지털 신호 방식의 장점은 아날로그 신호 방식에 비해 가격이 저렴하고 잡음에 강하하는 것이고, 단점은 아날로그 신호보다 감쇄가 크다는 점이다. 그림 2-10(b)는 디지털 신호의 예를 보여주고 있다. 그림에서 디지털 근접 센서(Proximity Sensor)의 값을 읽는다고 하자. 근접 센서에 사람이나 사물이 감지되면 +5V에 가까운 전압이 출력되고, 그렇지 않을 때는 0V에 가까운 전압이 출력된다. 여기에서, 0V 전압이면 1로, +5V 전압이면 0으로 이진화시킬 수 있다.

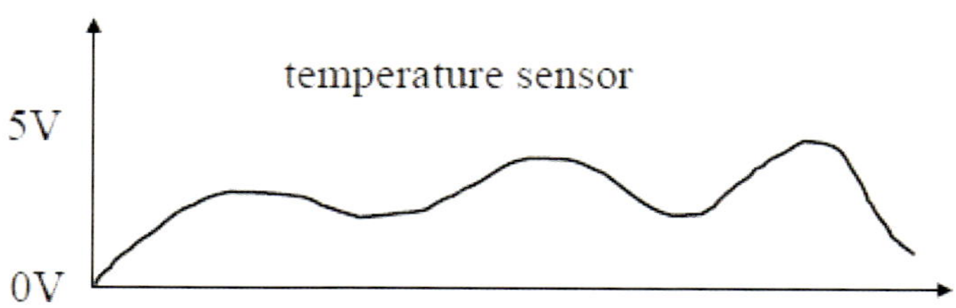

(a) 아날로그 신호

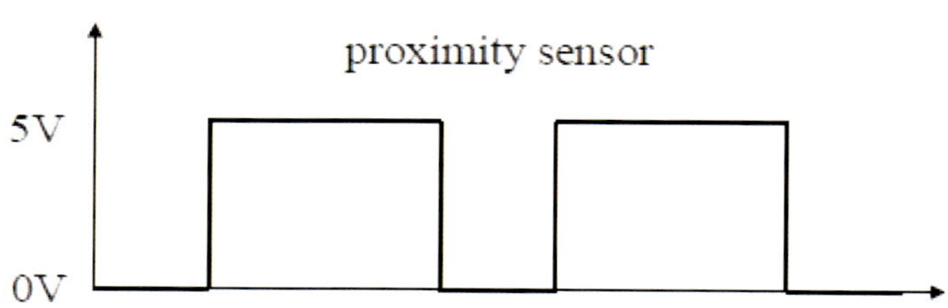

(b) 디지털 신호

그림 2-10 아날로그 신호와 디지털 신호

(2) 데이터의 신호로의 변환

데이터는 전송되기 위하여 신호로 변환되어야 한다. 그림 2-11은 아날로그 데이터 또는 디지털 데이터를 아날로그 신호 또는 디지털 신호로 변환하는 과정을 나타내고 있다.

첫째, 아날로그 데이터는 증폭기(Amplifier)를 이용하여 아날로그 신호로 변환될 수 있다. 예로, 사람의 음성을 보내기 위한 전화기 등이 여기에 해당한다. 위의 온도 센서의 예에서 0℃에서 100℃의 아날로그 온도 데이터가 0V에서 5V의 아날로그 온도 신호로 변환되었다. 만약, 실제 온도가 -10℃인 경우, 위의 온도 센서를 이용하면 0V로 변환될 수밖에 없다. 따라서, 아날로그 데이터를 아날로그 신호로 변환하기 위해서는 데이터의 상한과 하한을 신호의 상한과 하한으로 변환하는 것이 필요하다.

둘째, 디지털 데이터는 모뎀(Modem)을 이용하여 아날로그 신호로 변환될 수 있다. 예로, 디지털 파일로 제작된 MP3 음악 데이터를 들을 수 있도록 해 주는 스피커나 전화선을 통하여 디지털 데이터를 보내기 위하여 사용되는 모뎀 등이 여기에 해당한다.

셋째, 디지털 데이터는 트랜시버(Transceiver)를 이용하여 디지털 신호로 변환될 수 있다. 0과 1의 데이터가 +5V와 0V로 변환되는 것이 여기에 해당한다. 위의 근접 센서의 예에서 근접 센서에 사람이나 사물이 접근했을 경우 +5V로, 접근하지 않았을 때는 0V로 변환되었다.

넷째, 아날로그 데이터는 코덱(Codec)을 이용하여 디지털 신호로 변환될 수 있다. 예로, 센서 신호를 ADC(Analog-to-Digital Converter)를 이용하여 0과 1의 디지털 데이터로 변환하거나, 노래를 마이크를 이용하여 채집하고 코덱을 이용하여 디지털 데이터로 변환하는 것이 여기에 해당한다. 이러한 디지털 데이터는 트랜시버를 이용하여 디지털 신호로 바꿀 수 있다. 일반적으로, 아날로그 데이터는 디지털 데이터로 변환하여 디지털 데이터를 디지털 신호나 아날로그 신호로 변환하여 전송하는 경우가 많다. 이는 디지털 데이터는 아날로그 데이터에 비하여 매우 많은 장점이 있기 때문이다.

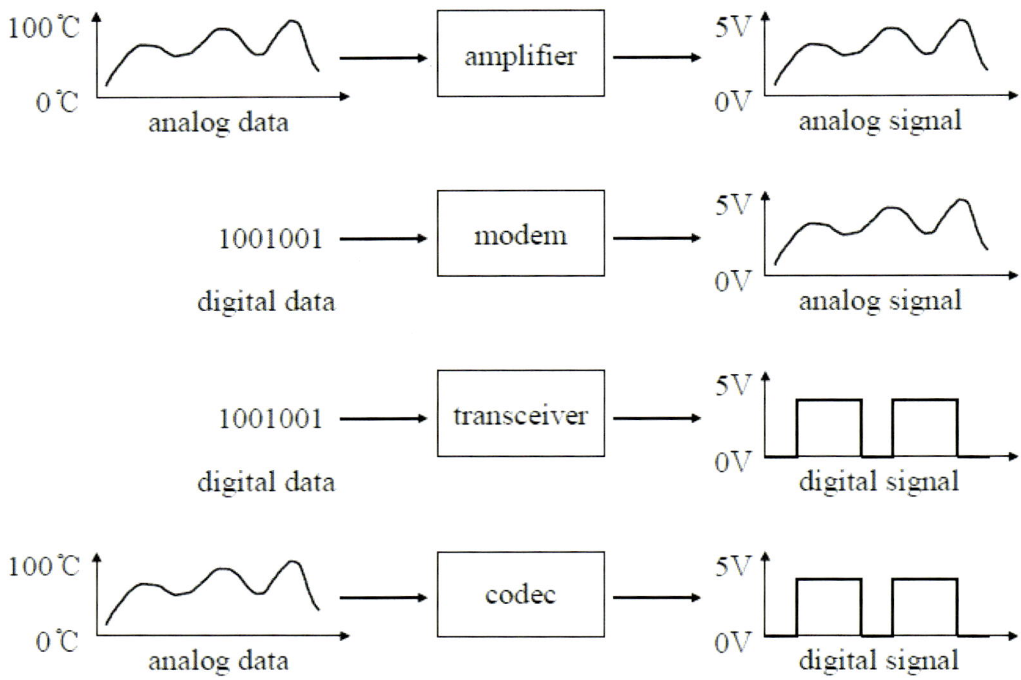

그림 2-11 아날로그 및 디지털 신호로의 변환

02 데이터 전송

(1) 아날로그 전송

아날로그 전송은 아날로그 혹은 디지털 데이터를 아날로그 신호를 전송하는 방식이다. 아날로그 신호는 일정 거리를 지나면 신호의 세기가 줄어들 뿐만 아니라 잡음

(Noise)이 신호에 첨가되게 된다. 여기에서, 신호의 세기가 줄어드는 것을 감쇄(Attenuation)라 한다. 아날로그 전송 시스템에서 더욱 먼 거리를 보내기 위해서는 신호의 세기를 키워주는 증폭기를 거쳐야 한다. 그러나, 증폭기는 아날로그 신호만 증폭시키는 게 아니라 잡음까지도 증폭한다. 특히, 장거리 전송을 위하여 다수의 증폭기를 이용하게 되는 경우, 잡음이 계속 증폭됨에 따라 신호는 더욱더 왜곡되게 될 것이다.

음성과 같은 아날로그 데이터라면 약간의 왜곡은 크게 문제가 되지 않는다. 예로, 전화와 같이 아날로그 전송 시스템을 사용하는 방식에서 신호의 왜곡은 통화 품질을 떨어뜨려 사람의 목소리가 약간 변형된 정도로 들리게 한다. 그러나, 전화선을 이용한 모뎀을 이용하여 디지털 데이터를 전송하려고 하는 경우, 신호의 왜곡은 0과 1을 바뀌게 함으로써 오류를 일으키는 원인이 된다. 이러한 이유로, 아날로그 전송은 아날로그 데이터의 전송에는 어느 정도 유용하지만, 디지털 데이터의 전송에는 적합하지 않다. 이러한 이유로, 최근에는 디지털 전송 시스템으로 변화되고 있다.

(2) 디지털 전송

디지털 전송은 주로 디지털 데이터를 아날로그 신호 또는 디지털 신호를 이용하여 전송하는 방식이다. 아날로그 신호에서는 신호의 세기가 감쇄되고 잡음이 섞이지만, 디지털 신호에서는 신호의 세기가 감소할 뿐만 아니라 에지(Edge)가 둥글어지게(Rounded) 된다. 디지털 전송 시스템에서 더욱 먼 거리를 보내기 위해서는 리피터(Repeater)를 사용한다. 리피터는 증폭기와는 달리 감쇄된 신호를 수신한 후, 이들로부터 아날로그 신호나 디지털 신호를 복원한 다음, 원래 신호와 동일한 신호를 생성하여 전송한다.

아날로그 신호를 복원할 때는 리피터에서 로우 패스 필터(Low Pass Filter)를 이용하여 잡음 성분만 제거하고 아날로그 신호는 통과시키는 방식을 이용한다. 이러한 이유는 임펄스 잡음(Impulse Noise)과 같은 잡음에는 고주파 성분이 포함되어 있기 때문이다. 그러나, 필터를 이용하여 잡음을 완전히 제거하는 것은 거의 불가능하다. 따라서, 리피터에서 신호를 복원한다고 하더라도 완전한 원래 신호를 복원하지는 못한다. 이러한 점은 신호의 품질을 떨어뜨리는 원인이 된다.

반면 디지털 신호에서는 비트의 중간에서 전압값을 읽어 일정 전압 이상이면 0으로, 일정 전압 이하이면 1로 결정하는 방법을 사용한다. 따라서, 리피터에서 전압값으로부터 정확하게 0과 1을 인식하기 위해서는, 신호의 세기가 일정 수준을 유지하여야 한다. 즉, 감쇄나 잡음 등 전송 손상이 데이터 무결성(Data Integrity)을 해치지 않을 정도의 거리 이내에서만 전송이 허용된다. 여기에서, 데이터 무결성이란 데이터가 정확히 수신자에게 도착해야 한다는 것을 의미한다. 즉, 데이터는 감쇄나 잡음이 발생하더라도 에러가 발생하지 않아야 한다. 일반적으로 디지털 신호를 사용하였을 때가 아날로그 신호를 사용하였을 때보다 디지털 전송 시스템의 전송 거리가 짧으며, 리피터 간의 거리가 더 짧다.

전송 방식에서 신호의 품질만을 놓고 볼 때, 디지털 전송 방식이 아날로그 전송 방식에 비하여 매우 월등함을 알 수 있다. 단점으로는 리피터는 증폭기에 비하여 기능이 많아서 가격이 더 높다. 또한, 디지털 전송 방식에서는 감쇄된 신호의 품질이 어느 정도 좋아야 하므로, 리피터 간의 간격이 증폭기 간의 간격보다 좁다. 이러한 점은 가격 상승의 요인이 된다. 이러한 점은 과거에 디지털 전송 방식을 채택하기 어렵게 만드는 이유였으나, 최근 디지털 기술이 발전하고 마이크로컨트롤러의 가격이 낮아짐에 따라 대다수의 내장형 네트워크 시스템에서 리피터를 이용한 디지털 통신 방식이 대세를 이루고 있다.

03 전송 매체

(1) 트위스트 페어

트위스트 페어는 규칙적인 나선 모양으로 감겨 있는 두 가닥의 절연 구리 선(Insulated Copper Core)으로 구성된다. 하나의 구리 선이 하나의 통신 링크로서 동작할 수 있다. 일반적으로, 여러 개의 구리 선이 하나의 다발로 묶여 하나의 케이블을 형성하고 있으며 보호 외피(Plastic Cover)로 덮여 있다. 장거리의 경우에는 케이블이 수백 개의 구리 선을 가질 수도 있다. 각각의 쌍들은 서로 꼬여 있어서 케이블 내에서 인접한 다른 쌍들과의 노화 현상이 최소화되게 되어 있다.

트위스트 페어에는 비 차폐와 차폐 두 종류가 있다. 비 차폐 트위스트 페어(Unshielded Twisted Pair)는 전화나 오피스 네트워크에 주로 사용되는 선이다. 주로, 건물이 신축될 때 전화나 인터넷 선을 위하여 미리 내장된다. 대체로 몇 개의 쌍이 하나의 보호 외피 내에 내장되어 있다. 예로, 인터넷용으로 사용되는 UTP 카테고리(Category) 3이나 5에는 하나의 보호 외피 내에 4쌍이 들어가 있다. UTP에서는 꼬인 길이에 따라 케이블의 데이터 전송률이 달라진다. UTP 카테고리 3에서는 7.5~10cm마다 꼬여 있으며, UTP 카테고리 5에서는 0.6~0.85cm마다 꼬여 있다. 이러한 특성에 따라, 카테고리 3에서는 데이터 전송률이 10Mbps이며, 카테고리 5에서는 데이터 전송률이 100Mbps 이상이다.

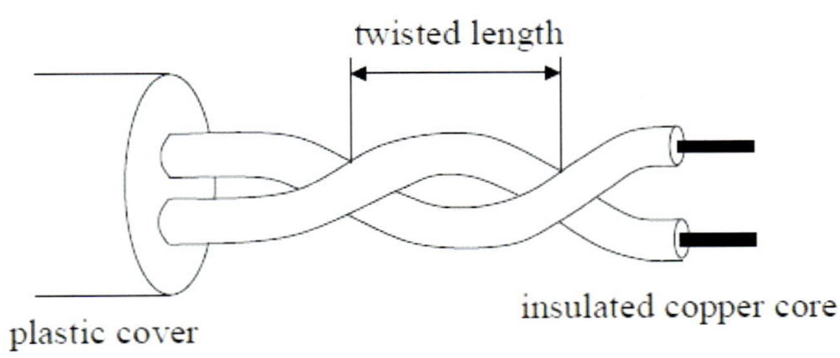

그림 2-12 비 차폐 트위스트 페어 구조

차폐 트위스트 페어(Shielded Twisted Pair)는 주위의 잡음을 비롯한 외부의 전자기 간섭(Electro Magnetic Interference, EMI)을 줄이기 위하여 금속 그물과 외피를 사용하여 트위스트 페어를 차폐시킨 선이다. STP는 높은 데이터 전송률에서 잡음에 대한 높은 성능을 제공한다. 그러나, STP는 UTP보다 작업하기 어렵고 더 비싸다. 일반적으로 STP는 산업용 네트워크 등에 주로 사용된다.

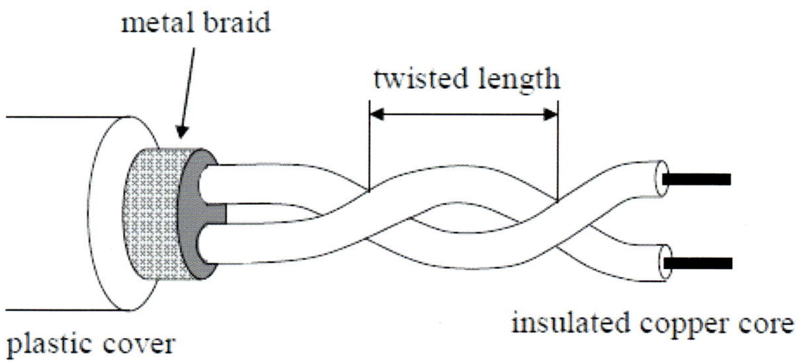

그림 2-13 차폐 트위스트 페어 구조

(2) 동축 케이블

대상 시스템을 분석 후 요구조건 및 제한조건을 선정 후, 초기 설계 파라미터를 결정하고 동축 케이블(Coaxial Cable)은 내부의 단일 전선, 즉 내부 도체(Inner Conductor)와 이를 감싸고 있는 원통형의 금속 그물과 같은 외부 도체(Outer Conductor)로 구성된다. 내부 도체는 일정한 간격으로 존재하는 절연체 링(Insulating Ring)이나 고체 유전체로 싸여 있다. 외부 도체는 표피(Plastic Cover)나 보호막으로 둘러싸여 있다.

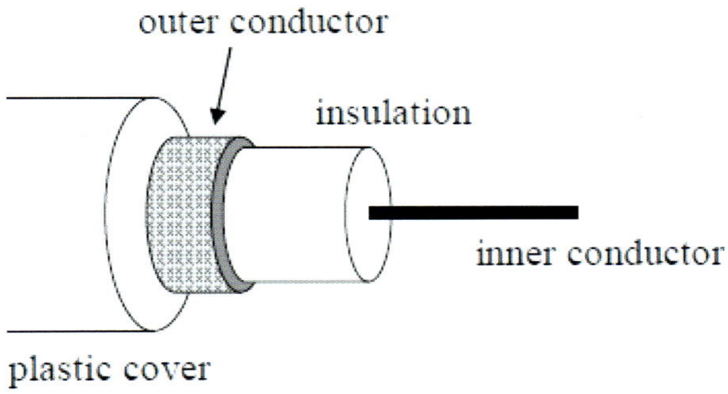

그림 2-14 동축 케이블 구조

동축 케이블은 트위스트 페어보다 더 장거리에서 사용할 수 있고, 더 높은 데이터 전송률을 지원한다. 그러나, 최근에는 트위스트 페어의 성능이 향상되고 광케이블의 가격이 낮아짐에 따라, TV 신호를 각 가정에 분배해 주는 텔레비전 분배(Television Distribution) 분야 외에는 사용이 현저하게 줄어들고 있다.

〔3〕 광케이블

대상 시스템을 분석 후 요구조건 및 제한조건을 선정 후, 초기 설계 파라미터를 결정하고 광케이블(Optical Cable)은 매우 가늘고(2–125㎛) 유연한 전송 매체로서, 광선을 투과시킬 수 있다. 광케이블은 여러 가지의 유리섬유와 플라스틱을 사용하여 제작한다. 광케이블은 원통형 모양으로 코어(Core), 클래딩(Cladding), 재킷(Jacket)을 비롯한 세 개의 동심 부분으로 구성되어 있다. 코어는 가장 내부 부분으로 유리섬유나 플라스틱으로 만들어진 하나 이상의 매우 가는 실로 구성된다. 코어는 클래딩으로 둘러싸여 있다. 코어와 클래딩 사이의 접합부는 반사면 역할을 하는 데 코어 안에 빛을 가두어 두는 기능을 한다. 재킷은 플라스틱이나 다른 물질로 만들어지는 데 습기, 마모, 파손, 기타 주위 위험으로부터 광케이블을 보호하는 역할을 한다. 광케이블은 매우 높은 데이터 전송률과 전송 거리, 작은 크기와 경량 특성이 있으며, 트위스트 페어나 동축 케이블과 비교하여 매우 우수한 특성이 있다. 이로 인하여, 광케이블의 가격 하락에 따라 많은 내장형 네트워크 시스템에서 광케이블의 채택이 늘어나는 추세다.

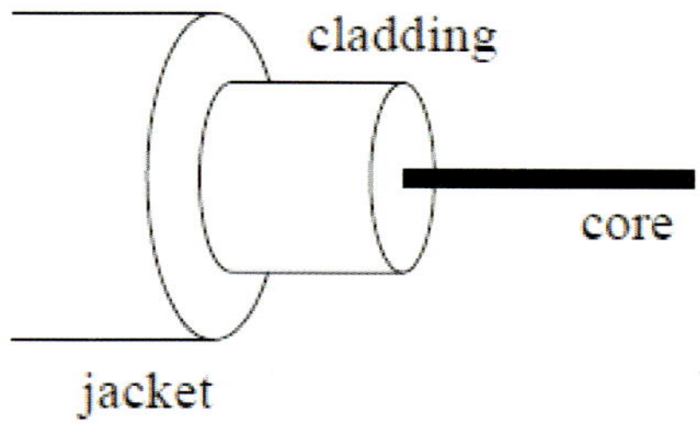

그림 2-15 광케이블 구조

(4) 무선 매체

유선 매체가 제공하는 안정성과 속도는 여전히 중요하지만, 물리적인 연결의 제약은 이동성과 설치의 편의성을 감소시킨다. 유선 매체의 한계를 극복하며 등장한 것이 무선 매체(Wireless Media)이다. 무선 매체는 물리적인 케이블 없이 전자기파를 이용하여 데이터를 전송하는 방식을 의미한다. 무선 매체는 일상에서 사용하는 휴대전화, Wi-Fi, 블루투스 등 수많은 통신 기술의 기반이 되며, 유선 통신이 도달하기 어려운 지역이나 이동성이 필수적인 환경에서 데이터 통신을 가능하게 한다.

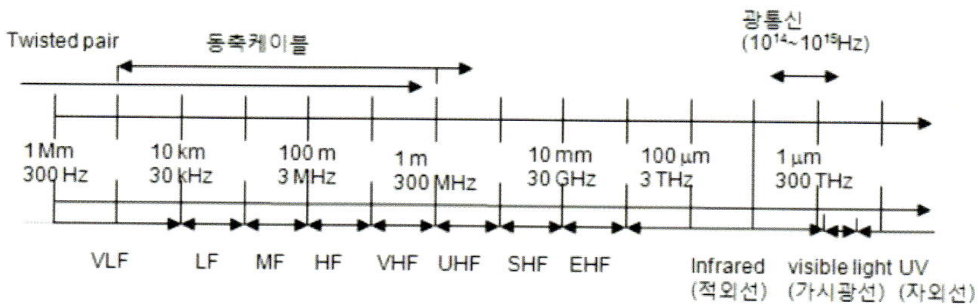

그림 2-16 무선 통신의 주파수 스펙트럼

무선 매체는 정보를 전자기파(Electromagnetic Wave) 형태로 변환하여 공간을 통해 전파하는 방식으로 전자기파는 전기장과 자기장의 상호 작용으로 형성되어 빛의 속도로 전파된다. 무선 통신은 이 전자기파의 주파수(Frequency)와 파장(Wavelength)을 조절하여 정보를 싣고 보낸다. 전자기파는 다양한 주파수 대역으로 구성되며, 각 대역은 고유한 특성과 용도로 활용한다. 라디오파, 마이크로파, 적외선, 가시광선, 자외선, X-선, 감마선 등이 여기에 해당하며 무선 통신에서는 주로 라디오파, 마이크로파, 적외선 대역을 활용한다. 변조(Modulation) 과정은 전송하고자 하는 데이터를 전자기파에 실어 보내는 과정으로 진폭, 주파수, 위상 등을 변화시켜 데이터를 인코딩한다.

무선 매체는 사용되는 전자기파의 주파수 대역과 전송 특성에 따라 여러 종류로 나눌 수 있다. 라디오파(Radio Waves)는 일반적으로 3kHz~1GHz 주파수 대역 범위로 파장이 길어 회절성이 뛰어나 장애물을 우회하여 전파될 수 있다. 넓은 지역에 신호를 확산하기 쉽고 건물 벽과 같은 장애물을 어느 정도 투과할 수 있다. 라디오파는 안테나가 특정 방향으로 지향되지 않아도 넓은 영역으로 신호가 확산하는 특징을 가지고 있다. 라디오파는 그 이름에서 알 수 있듯이 라디오 방송이나 지상파 TV 방송에 주요 사용되며 무선 주파수 식별 시스템인 RFID(Radio-Frequency Identification)에도 사용된다.

마이크로파(Microwaves)는 일반적으로 1GHz~300GHz 주파수 대역 범위로 라디오파보다 높은 주파수로 더 많은 데이터를 빠르게 전송할 수 있다. 마이크로파는 파장이 짧아 직진성이 강해서 송신기와 수신기 사이에 직접적인 시야 확보가 필요하다. 비, 안개, 눈 등의 기상 조건에 민감하게 반응하여 신호 감쇠가 발생할 수 있으며 신호를 특정 방향으로 집중시키는 지향성 안테나를 사용해야 효율적인 통신이 가능하다. 마이크로파는 지구상의 지상국과 위성 간의 통신인 위성 통신(Satellite Communication)이나 2.4GHz 및 5GHz 대역을 주로 사용하는 무선 LAN(Wi-Fi)과 단거리 무선 통신(2.4 GHz) 블루투스(Bluetooth) 통신으로 주로 사용된다.

적외선(InfRared)은 약 300GHz~400THz 주파수 대역 범위로 수 미터 이내의 매우 짧은 근거리 통신에 주로 사용된다. 적외선은 벽이나 불투명한 물체를 투과하지 못하기 때문에 직접적인 시야 확보가 필수적으로 장애물에 취약하다. 적외선은 신호가 확산하지 않아 외부에서 도청하기 어려우며 라디오파나 마이크로파와 달리 다른 무선 기기와의 간섭이 적다. 가장 쉽게 볼 수 있는 적외선을 사용하는 분야는 가정에서 사용하는 TV 리모컨과 컴퓨터 무선 마우스가 있다. 적외선은 근거리 데이터 통신(IrDA)으로 구형 노트북이나 휴대전화에서 사용하기도 한다.

무선 매체의 가장 큰 장점은 사용자가 물리적인 연결 없이 이동하면서도 통신할 수 있다. 무선 매체는 케이블 설치가 필요 없어 구축 시간이 짧고, 초기 인프라 설치 비용이 절감될 수 있다. 또한, 네트워크 구성 변경이 쉬우며, 임시 네트워크 구축에 유리하다. 무선 매체는 새로운 사용자를 추가하거나 네트워크를 확장하기 쉽고, 지형적 제약이 있는 지역이나 유선 인프라 구축이 어려운 곳에서도 통신할 수 있다. 반면에, 무선 매체의 가장 큰 단점은 보안의 취약성으로 전자기파가 공중으로 전파되므로 외부에서의 도청 및 해킹할 수 있다. 무선 매체는 다른 무선 장비, 전자파, 기상 조건 등에 의해 신호 간섭이 발생하여 통신 품질이 저하될 수 있으며 거리가 멀어지거나 장애물(벽, 건물)을 통과할수록 신호가 약해지는 단점을 가지고 있다. 유선 매체(특히 광섬유)에 비해 제공할 수 있는 최대 대역폭이 제한적일 수 있으며 나라별로 무선 주파수 사용에 대한 엄격한 규제가 존재한다. 특히, 장거리 무선 매체는 유선에 비해 신뢰성이 낮고 지연 시간이 길어질 수 있다.

무선 매체는 단점을 보완하고 장점을 확대하면서 우리 생활과 산업 전반에 걸쳐 광범위하게 활용되고 있다. 가장 대표적인 무선 매체는 G, 3G, 4G LTE, 5G 등 셀룰러 네트워크를 통해 음성 통화, 문자 메시지, 모바일 데이터 통신을 제공하는 이동통신(Mobile Communication)이 있다. 가정, 사무실, 공공장소 등에서 인터넷 접속 및 근거리 네트워크인 무선 LAN(Wireless Local Area Network, Wi-Fi)도 대표적인 무선 매체를 사용하고 있다. 스마트폰과 이어폰, 스마트워치, 스피커 등 다양한 개인용 장치 간의 근거리 무선 연결하는 블루투스와 원격지 통신, 해양 및 항공통신, 위성 방송, GPS 등 광범위한 영역을 커버하는 위성 통신도 무선 매체를 사용하고 있다. 그 외에도 사물 인터넷(Internet of Things, IoT), 무선 센서 네트워크(Wireless Sensor Network, WSN), 군사 및 비상 통신, 방송 통신 라디오와 TV 방송도 무선 매체를 활용하는 대표적인 분야이다.

04 신호화

(1) 인코딩과 변조

디지털 신호를 전송하는 경우, 디지털 혹은 아날로그 데이터는 인코더(Encoder)를 이용하여 디지털 신호로 인코딩(Encoding)된다. 반대로 디코더(Decoder)를 이용하여 디지털 신호가 디지털 데이터로 디코딩(Decoding)된다. 디지털 데이터는 손쉽게 디지털 신호로 인코딩되며, 아날로그 데이터는 디지털 데이터로 샘플링(Sampling)된 후에 디지털 신호로 인코딩된다. 디지털 신호로의 인코딩 방식으로는 내장형 네트워크 시스템에서의 요구 사항에 가장 적합한 형태의 방식이 선택된다.

반면, 아날로그 신호를 전송할 때는 더욱 복잡한 방식이 사용된다. 아날로그 신호 전송에서는 반송 신호(Carrier Signal)로 알려진 신호를 이용하여 디지털 데이터나 아날로그 데이터를 전송한다. 이때, 반송 신호의 주파수는 사용하는 전송 매체에 적합하도록 선택된다. 데이터는 변조기(Modulator)로 아날로그 신호로 변환된다. 반대로 복조기(Demodulator)로 데이터로 변환된다. 변조란 원래의 데이터를 주파수 갖는 반송 신호로 부호화하는 과정을 말한다. 변조 방법은 3개의 기본적인 주파수 영역 파라미터인 진폭, 주파수, 위상 중에서 하나 이상을 변화시킨다.

(2) 디지털 데이터의 디지털 신호로의 변환

가장 일반적인 디지털 신호의 전송 방법은 두 개의 이진수에 대해 서로 다른 두 개의 전압 레벨을 사용하는 것이다. 따라서, NRZ-L에서는 비트 구간 동안 전압 레벨이 일정한 특성을 가진다. 즉, 천이가 발생하지 않는다. 예를 들면 음의 전압이나 전압이 없는 경우 이진수 1을, 양의 전압은 이진수 0을 표시하는 방식이다.

NRZ-L에서는 두 개의 이진수를 같은 극성을 가지는 단극성(Unipolar) 방식이 사용될 수도 있고, 다른 극성을 가지는 양극성(Polar) 방식이 사용될 수도 있다. 단극성 방식에서는 1이 0V로, 0이 +5V로 인코딩되며, 양극성 방식에서는 1이 -5V로, 0이 +5V로 인코딩된다.

NRZ-L은 가장 단순하면서도 다양한 응용에서 사용되는 인코딩 방식으로서, 컴퓨터 본체와 키보드 연결과 같은 RS232C 프로토콜 등에서 사용된다. 그러나, NRZ-L은 같은 비트 값을 지속해서 전송하려고 할 때 직류 성분이 발생하고, 비트 간의 동기화를 잃어버릴 수 있으므로 높은 전송 속도를 지원하지를 못한다. 일반적으로, 전형적인 NRZ-L은 19.2Kbps 이하의 낮은 전송 속도에서만 안정적으로 사용할 수 있다.

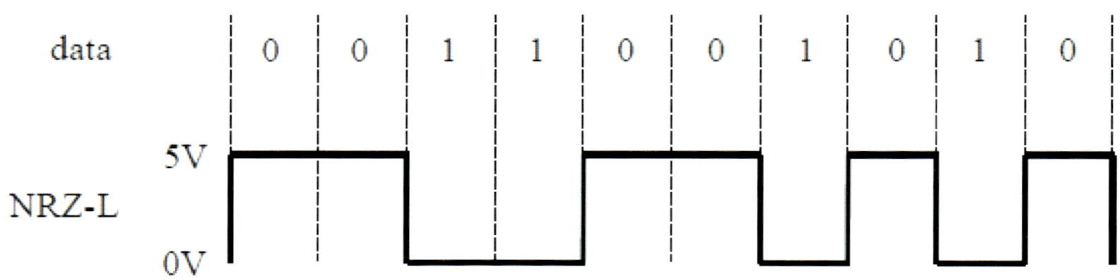

그림 2-17 NRZ-L 인코딩 사례

NRZI는 NRZ-L의 변형으로, NRZ-L과 같이 비트 구간 동안 일정한 전압 펄스를 유지한다. 그러나, 데이터는 비트 구간의 시작점에서 신호 천이의 여부로써 인코딩된다. 즉, 비트 구간의 시작점에서 천이(상향 또는 하향)는 이진수 1을 나타내고, 천이가 없는 것은 이진수 0을 나타낸다. 이러한 방법은 차동 인코딩(Differential Encoding)이라 하며, NRZI는 차동 인코딩의 대표적인 방식이다. 차등 인코딩에서 전송할 정보는 신호 요소 자체가 아니라 인접 신호 요소 간의 변화 값으로 표현된다. 현재 비트의 인코딩은 다음과 같이 이루어진다. 만약 현재 비트가 이진 0이라면 현재 비트는 선행 비트와 같은 신호로 인코딩되고, 현재 비트가 이진 1이라면 현재 비트는 선행 비트와 다른 신호로 인코딩된다. 차동 인코딩의 장점은 잡음이 있는 상황에서 천이를 검출하는 것이 전압 레벨을 비교하는 것에 비해 더 높은 신뢰성을 제공한다는 점이다. 또한, 차동 인코딩은 1의 신호가 연속으로 나타날 때 직류 성분이 존재하지 않고 시간 동기화가 이루어진다는 점이다. 그러나, 0의 신호가 연속으로 나타날 때 직류 성분의 문제나 시간 동기화의 문제가 해결되지 못하였다는 단점이 있다.

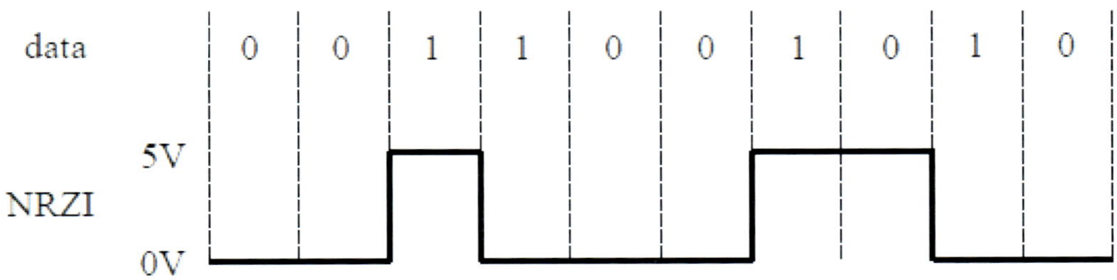

그림 2-18 NRZI 인코딩 사례

맨체스터(Manchester)는 IEEE 802.3 표준에서 규정하고 있는 인코딩 방식이다. 맨체스터는 각 비트의 중간에 천이가 있다. 이러한 비트 중간의 천이는 시간 정보를 나타낼 뿐만 아니라 데이터의 역할도 한다. 즉, 수신기는 비트 중간의 천이를 관찰하여 비트의 존재 여부를 확인하고, 상향 천이면 1로 하향 천이면 0으로 읽는다. 맨체스터는 NRZ-L에 비하여 복잡하고 가격이 비싸다는 단점이 있으나 다음과 같은 장점들이 있다. 맨체스터는 각 비트 간격마다 전압 천이를 예측할 수 있으므로, 수신기는 그 천이에 대해 동기화를 수행할 수 있다. 이러한 이유로, 맨체스터는 자기 시간

부호(Self-Clocking Code) 방식이라 부른다. 비트 중간에 천이를 가짐에 따라, 직류 성분이 없다. 맨체스터는 천이가 기대되는 위치에서 천이가 발생하지 않을 때는 오류가 발생한 것으로 간주한다. 그러나, 잡음으로 인해 천이 위치의 앞뒤 모두에서 신호가 역으로 된 경우에는 오류 검출이 되지 않는다. 이러한 장점으로 인하여, 맨체스터는 NRZ-L에 비하여 매우 빠른 데이터 전송률을 보장한다.

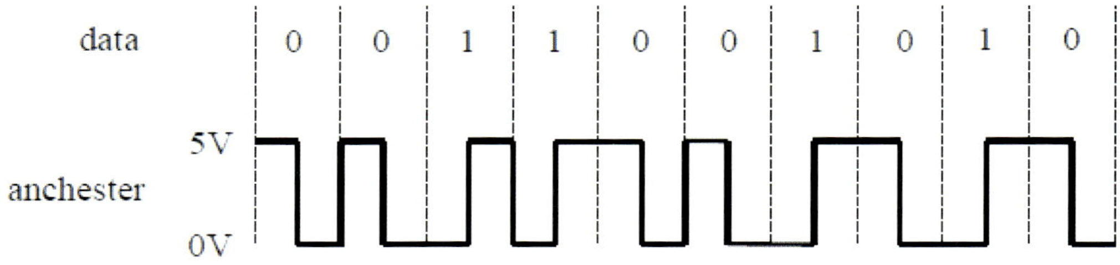

그림 2-19 맨체스터 인코딩 사례

자동차용 네트워크로 많이 사용되는 CAN 프로토콜에서는 차동 인코딩 방식의 한 응용을 사용하고 있다. CAN에서는 두 개의 전송 매체를 사용하고 각 전송 매체에 NRZ-L에 기반한 그림 2-20과 같은 전압 펄스를 유지한다. 즉 한 개의 전송 매체에는 2.5V 신호와 1.5V 이하의 전압 레벨로 1과 0을 나타내고 하고, 다른 한 개의 전송 매체에는 2.5V 신호와 3.5V 이상의 전압 레벨로 1과 0을 나타내게 한다. 만약 두 개의 전송 매체에 같은 전압이 있는 경우, 트랜시버는 두 전송 매체 간의 전압차를 인식하여 전압 차가 0.5V 이하일 때는 1로 감지하며, 전압 차가 0.9V 이상일 때는 0으로 감지한다. 이러한 두 개의 전송 매체의 전압 차를 이용한 차동 인코딩에서 잡음이 전송 매체에 가해지는 경우, 두 전송 매체의 전압 레벨은 변화하더라도 전압 차는 변하지 않는다. 이러한 특성에 의하여, CAN의 신호화 방법은 잡음 면역성(Noise Immunity)과 매우 강하다고 볼 수 있다. 이러한 이유로 인하여, CAN은 EMI가 매우 심한 자동차나 공장 등에서 적용하기가 쉽다고 알려져 있다. 그러나,

CAN도 1이 연속적으로 전송되는 경우 직류 성분이 지속해서 나타남에 따라 시간 동기화의 문제가 발생한다. 따라서, CAN은 매우 뛰어난 신호화 방법임에도 불구하고, 1Mbps라는 상대적으로 낮은 데이터 전송률을 가진다.

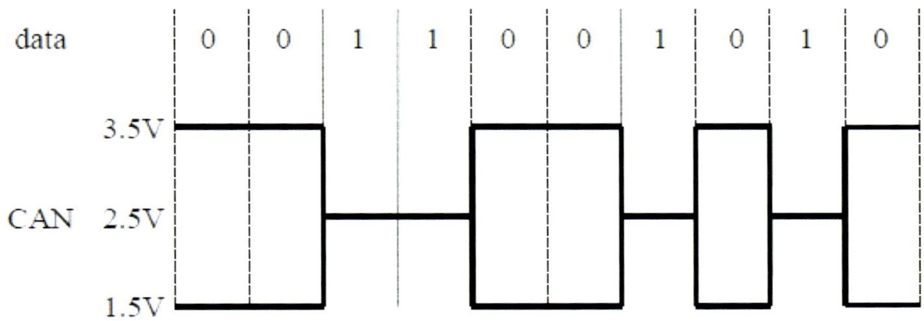

그림 2-20 CAN 인코딩 사례

05 토폴로지

(1) 토폴로지

내장형 네트워크 시스템에서 노드들은 점대점 연결이나 다중점 연결 방식으로 연결된다. 토폴로지는 네트워크에서 노드들의 전체적인 연결 형태를 의미한다. 일반적으로 내장형 네트워크 시스템에서 많이 사용되는 토폴로지로는 메쉬(Mesh), 버스(Bus), 트리(Tree), 링(Ring), 스타(Star) 등과 같은 방법이 있다.

메쉬 토폴로지에서 모든 노드는 그림 2-21과 같이 다른 노드들에 대해 전용의 점대점 연결을 한다. 두 개의 노드 간에는 전용 전송 매체가 필요하므로, 메쉬 토폴로지에서 n개의 장치를 서로 연결하기 위해서는 (n×(n−1))/2개의 물리적 채널이 필요하다. 이처럼 많은 연결을 수용하기 위해서는 네트워크상의 모든 장치가 n−1개의 입출력 포트를 가져야 한다. 메쉬 토폴로지는 1회선이나 2회선을 사용하여, 반이중 방식이나 전이중 방식을 사용할 수 있다.

일반적으로 유선 전송 매체에서는 메쉬 토폴로지를 사용하지는 않는다. 이는 노드의 개수가 늘어나면, 전송 매체의 개수가 무제한으로 늘어나기 때문이다. 반면, 무선 전송 매체에서는 메쉬 토폴로지를 이용하기도 한다. IEEE 802.11 WLAN(Wireless Local Area Network)에서는 AP(Access Point)를 이용하여 스타 토폴로지(Star Topology)로 구성하지만, IEEE 802.15.4 WPAN(Wireless Personal Area Network)에서는 노드 간에 직접 채널을 할당하는 메쉬 토폴로지로 구성하기도 한다.

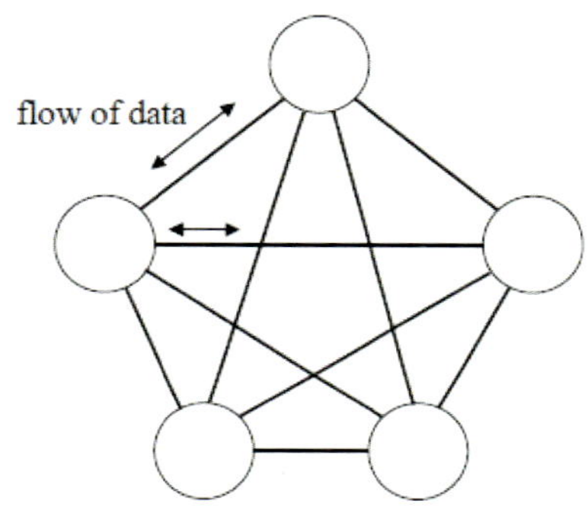

그림 2-21 메쉬 토폴로지

버스와 트리 토폴로지에서 각 노드는 다중점 연결을 사용하여 연결된다. 버스 토폴로지에서는 모든 노드를 탭이라고 불리는 하드웨어를 통하여 공유된 선형 전송 매체, 즉 버스에 직접 부착한다. 노드와 탭 사이의 양방향 동작으로 데이터를 버스로 보내거나 버스에서 데이터를 받을 수 있다. 송신 노드에서 보낸 데이터는 브로드캐스트(Broadcast)되어 양방향으로 전파되면서 다른 노드가 수신하게 된다. 버스의 양 끝에는 신호를 흡수할 수 있는 종단 저항(Terminating Resistance) 또는 종단기(Terminator)를 두어 신호가 반사되지 않도록 한다. 일반적으로, 버스 토폴로지에서 노드와 탭의 연결을 2회선을 사용하는 전이중 방식을, 버스는 1회선을 사용하는 반이중 방식을 사용한다.

트리 토폴리지는 버스 토폴로지를 일반화한 것이다. 트리 배선은 꼭지점(Head End)이라 알려진 지점에서 시작한다. 하나 이상의 케이블이 꼭지점에서 시작하며, 이들은 가지를 가질 수 있다. 가지는 다시 추가적인 가지를 가질 수 있으므로 복잡한 배선이 가능하다. 송신 노드에서 보낸 데이터는 전송 매체를 통하여 방송되기 때문에 다른 노드들이 받을 수 있다.

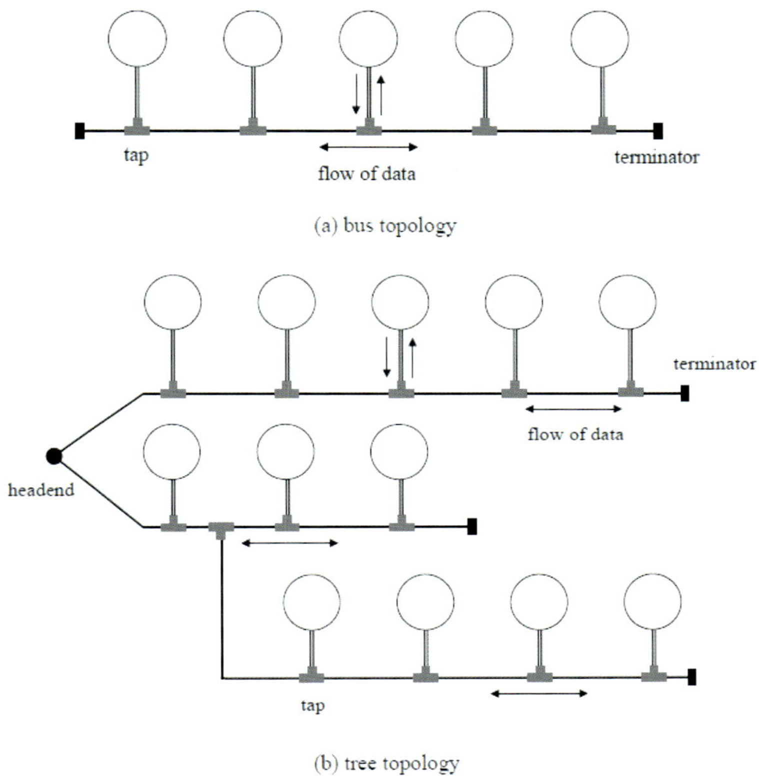

그림 2-22 버스 및 트리 토폴로지

스타 토폴로지에서 각 노드는 공통된 중앙 노드와 두 가닥의 점대점 연결을 사용하여 연결된다. 일반적으로, 각 노드는 전이중 방식을 사용하기 위하여 송신과 수신선 두 개의 선이 중앙 노드에 연결된다. 일반적으로 중앙 노드의 동작에는 두 가지 방법이 있다. 하나는 중앙 노드가 방송 방식으로 동작하는 것이다. 즉, 어느 노드에서 데이터를 보내는 경우, 중앙 노드를 거쳐 모든 노드로 보내지게 된다. 이 경우 물리적 모양은 스타 형태지만, 논리적으로는 버스와 같이 작동한다. 이 경우 중앙 노드를 허브(Hub)라고 부른다. 다른 방식은 한 노드가 프레임을 보내는 경우, 중앙 노드는 프레임의 목적지 주소를 해석하여 해당하는 노드로만 데이터를 보낸다. 이러한 동작을 가능하게 하는 중앙 노드를 스위치(Switch)라고 부른다.

허브를 이용하는 경우, 한 노드에서 데이터가 보내질 때, 모든 노드로 데이터가 보내지기 때문에, 동시에 다른 노드들이 송신할 수 없다. 그러나, 스위치를 이용하는 경우, 하나의 채널은 두 개의 노드에 논리적으로 할당되므로, 이 채널에 관련되지 않은 노드들은 언제든지 다른 채널을 통하여 데이터를 전송할 수 있다. 다만, 스위치는 동시에 여러 개의 데이터를 처리할 수 있는 능력을 갖추고 있어야 한다.

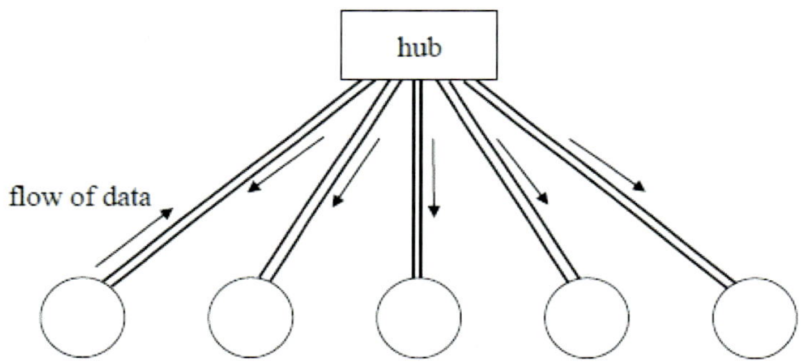

(a) star topology with hub

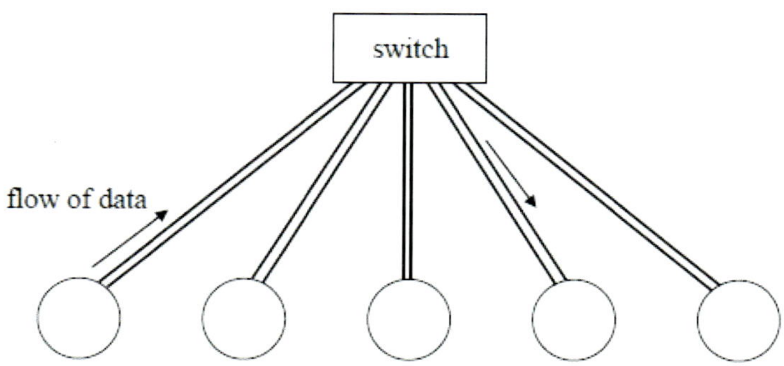

(a) star topology with switch

그림 2-23 스타 토폴로지

링 토폴로지는 점대점 연결로 연결되어 닫힌 고리(Closed Loop)를 형성하는 리피터들의 집합으로 이루어진다. 리피터는 한쪽 링크에서 데이터를 받아서 받을 때와 같은 속도로 다른 쪽 링크로 한 비트씩 전송한다. 일반적으로, 리피터는 데이터를 한 쪽으로만 보낼 수 있어서, 데이터는 링 주위를 시계 방향 또는 반시계 방향으로만 순환하게 된다. 일반적으로, 링은 1회선을 사용하는 반이중 방식을, 리피터와 노드는 2회선을 사용하는 전이중 방식을 사용한다. 각 노드는 리피터와 점대점 연결 방식으로 연결되고, 리피터를 통하여 데이터를 전송할 수 있다. 발신지 노드가 데이터를 전송하면, 데이터는 모든 노드를 거치면서 순환한다. 목적지 노드는 데이터가 지나갈 때 주소를 인식하고 자신의 버퍼에 이를 복사한다. 데이터는 발신지 노드로 돌아올 때까지 계속 링을 돌며, 발신지 노드에서 데이터를 제거한다.

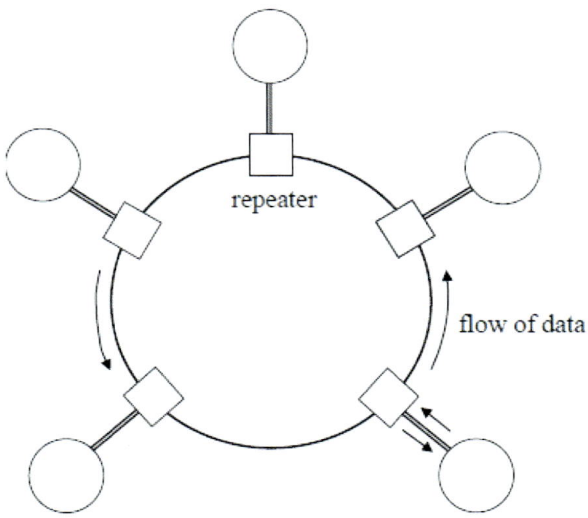

그림 2-24 링 토폴로지

(2) 토폴로지 구성의 고려사항

대상 시스템을 분석 후 요구조건 및 제한조건을 선정 후, 초기 설계 파라미터를 결정하고 전송 매체를 이용하여 네트워크를 구성하게 되면, 각 노드에서 데이터를 전송하기 위해서는 몇 가지 문제가 발생한다.

첫째, 일반적으로 데이터는 브로드캐스트되기 때문에, 어느 한 노드에서 보낸 것은 다른 모든 노드에서 받을 수 있다. 따라서, 누가 누구에게 보내는 것인지를 알리는 방법이 필요하다. 둘째, 한 노드가 동시에 매우 긴 신호를 보내는 경우 다른 노드들은 신호를 보낼 수가 없게 된다. 즉, 한 노드가 신호를 보내고 있는 도중에 다른 노드들이 신호를 보내게 되면, 두 신호가 겹쳐서 뒤섞인다. 버스나 링 토폴로지에서는 공유된 전송 매체에서 신호가 뒤섞이게 되고, 스타 토폴로지에서는 허브나 스위치 등에서 신호가 섞이게 된다. 따라서, 한 노드가 매우 긴 시간 동안 신호를 보내게 하지 말아야 한다. 또한, 다른 노드가 신호를 보내고 있을 때 전송 매체에 신호가 흐르고 있는지를 파악하고 신호를 보내지 말아야 한다. 셋째, 한 노드가 보내고 있는 도중에 다른 노드가 신호를 보내지 않는다고 할지라도, 동시에 두 개 이상의 노드가 신호를 보내는 경우 신호 간에 충돌이 발생하여 신호가 뒤섞일 수 있다. 따라서, 여러 노드가 동시에 신호를 보내려고 하는 경우 어느 노드가 먼저 신호를 보내야 하는지에 대한 제어가 필요하다.

두 번째 문제는 매우 긴 응용 데이터를 프레임으로 나누어 데이터를 전송함으로써 해결할 수 있다. 즉, 매우 긴 신호가 전송 매체에서 전송되지 않도록 데이터를 작은 크기로 나눔으로써, 하나의 노드가 전송 매체를 점유하는 것을 방지하게 할 수 있다. 첫 번째 문제는 분할된 프레임에 주소와 제어 정보를 담은 프레임 헤더(Frame Header)를 추가함으로써 해결할 수 있다. 발신지 노드는 프레임에 발신지 주소(Source Address)와 목적지 주소(Destination Address)를 추가하여 전송한다. 목적지 노드는 수신된 프레임의 주소 필드에 자기 주소가 있는지를 파악한 후, 자기 주소이면 받아들이고 다른 주소이면 무시하는 방법을 사용하여 프레임을 수신한다. 세 번째 문제는 매체 접속 제어(Medium Access Control)라는 방식을 도입하여 해결한다.

06 리피터와 게이트웨이

(1) 리피터

내장형 네트워크 시스템에서 버스나 링, 스타와 같은 토폴로지에는 물리적인 크기의 제한이 있다. 일반적으로, 전송 매체의 거리나 공유된 전송 매체에 접속될 수 있는 노드의 수에 제한이 있다. 따라서, 버스, 링, 스타와 같은 토폴로지는 리피터나 라우터, 게이트웨이(Gateway)를 이용하여 확장될 수 있다. 여기에서, 하나의 네트워크를 세그먼트(Segment)라 한다. 직렬로 연결되어 사용할 수 있는 리피터 등의 개수는 보통 네트워크 시스템의 구조에 따라 제한된다.

리피터 등은 하나의 세그먼트로부터 데이터를 받은 후 목적지 주소를 판단하여 자기 세그먼트 내에서만 사용하는 것인지 아니면 다른 세그먼트로 보내야 하는 건지를 판단한다. 만약 다른 세그먼트로 보내야 하는 데이터라면 다른 세그먼트로 방송하고, 자기 세그먼트 내에서만 사용되는 것이라면 무시한다. 그림 2-25는 버스 토폴로지에서 리피터를 이용한 네트워크 확장을 보여주고 있다. 반면 스타 토폴로지에서는 허브나 스위치가 리피터의 역할을 한다. 링 토폴로지는 노드가 리피터의 역할을 한다. 사용되는 리피터에 대해서 양쪽의 네트워크 시스템은 같은 종류이어야 한다. 그것들은 반드시 모든 계층에 대해서 같은 프로토콜을 사용해야 한다. 즉, 같은 매체 접근 제어 방법을 사용해야 하며 같은 물리적 전송 기술을 사용해야 한다.

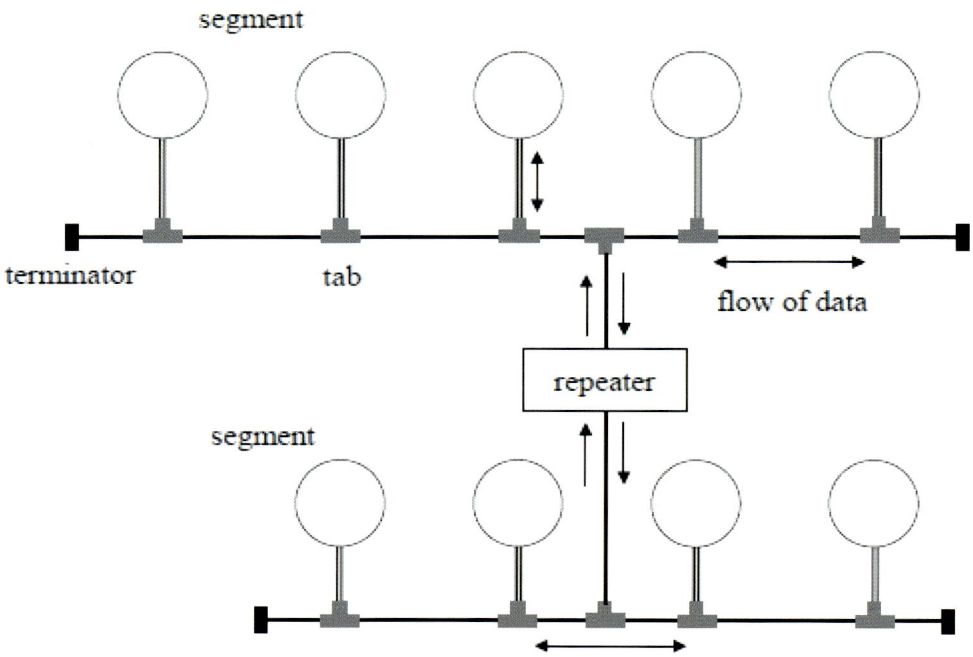

그림 2-25 버스 토폴로지를 이용한 네트워크 확장

(2) 게이트웨이

게이트웨이는 리피터와는 다르게 그림 2-26과 같이 서로 다른 프로토콜을 가진 이기종의 네트워크 시스템을 서로 연결하는 데 사용된다. 예를 들어, 게이트웨이는 자동차용 네트워크에서 바디 네트워크용 프로토콜인 CAN과 섀시 네트워크용 프로토콜인 FlexRay 네트워크를 서로 연결하는 데 사용된다. 게이트웨이는 하나의 네트워크 시스템에서 생성된 데이터가 다른 네트워크 시스템으로 전달되기 위해서는 해당 프로토콜에 맞도록 변환되어야 한다. 이러한 변환에는 다음과 같은 것들이 포함된다.

- 프레임 포맷 변환 : 프레임 포맷은 프로토콜에 따라 다르다. 따라서, 게이트웨이는 전달하려고 하는 프로토콜에 맞게 프레임 포맷을 변환해 주어야 한다. 예로, CAN과 FlexRay의 프레임 포맷이나 최대 데이터 길이는 다르다. CAN의 데이터

를 FlexRay 네트워크로 보내려는 경우 프레임 포맷을 맞추어야 주어야 한다.

- 주소 변환 : 이기종의 네트워크 시스템은 서로 다른 주소 구조를 사용할 수 있다. 따라서, 게이트웨이는 전달하려고 하는 네트워크 시스템에 적합한 주소 구조로 변환해 주어야 한다.
- 프로토콜 변환 : 각 네트워크 시스템은 각 계층으로 정의된 프로토콜에 따라 데이터를 처리한다. 따라서, 게이트웨이는 전달하려고 하는 네트워크 시스템에 적합하게 프로토콜 규약을 변경해 주어야 한다. 이러한 프로토콜 규약에는 메시지 분할, 흐름 제어, 에러 검출 및 에러 제어 등이 있을 수 있다.

전혀 다른 두 개의 네트워크가 서로 연결될 수 있어서, 게이트웨이는 네트워크 상호 연결에 있어서 가장 큰 유연성을 제공하지만 개발하기에 너무 복잡하고 비싸다는 단점이 있다. 특히, 변환은 모든 계층의 프로토콜에 대하여 제공되어야 하므로 일반화된 게이트웨이는 복잡하다.

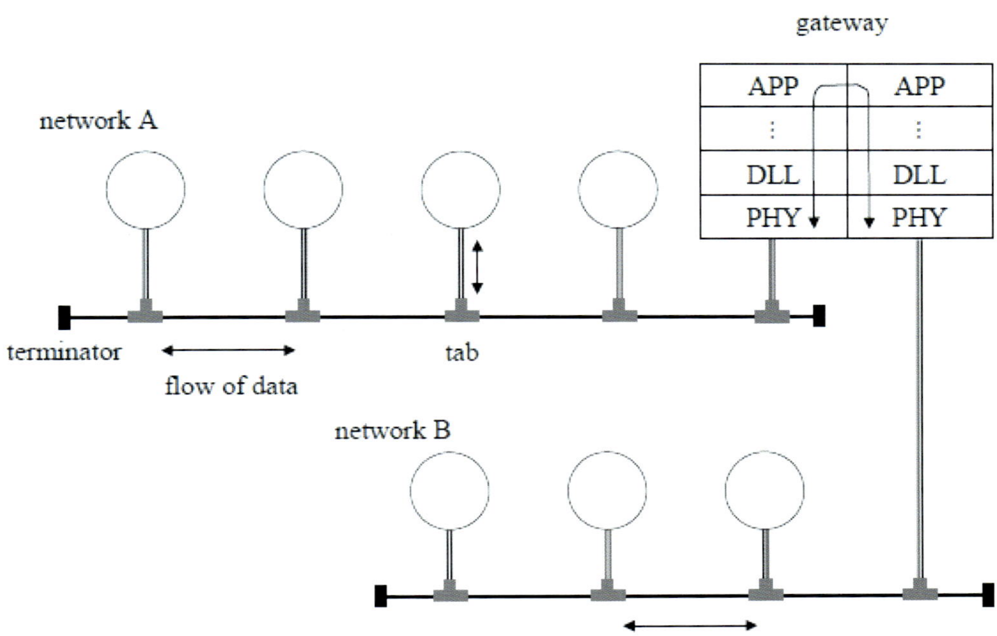

그림 2-26 게이트웨이에 의한 이기종 네트워크 간의 상호 연결

CHAPTER 03

데이터링크 계층

01 분할과 프레임

(1) 분할

여러 개의 노드가 공유된 전송 매체를 이용하여 버스나 스타 토폴로지와 같이 형성하는 경우, 한 노드가 동시에 매우 긴 메시지를 보낼 때 다른 노드들은 신호를 보낼 수가 없게 된다. 즉, 한 노드가 신호를 보내고 있는 도중에 다른 노드들이 신호를 보내게 되면, 두 신호가 겹쳐서 충돌이 발생한다. 따라서, 이러한 현상을 방지하기 위하여 메시지의 분할이 필요하다.

네트워크에서는 한 노드가 전송 매체를 점유하는 것을 방지하기 위하여 메시지를 특정한 길이로 분할하게 된다. 예로, 이더넷은 1,526바이트 크기로 분할하며 CAN은 8바이트 크기로 분할한다. 이러한 분할 크기는 프로토콜의 특성과 적용 분야에 따라 달라질 수 있다. 분할된 데이터에는 프레임 전송에 필요한 송신지 주소나 수신지 주소, 에러 제어를 위한 비트열 등과 같은 제어 필드가 포함된다. 이러한 제어 필드를 오버헤드(Overhead)라고 하며, 오버헤드에는 계층마다 계층에서 정의되어야 하는 통신 기능들을 구현하기 위한 비트들이 포함된다.

데이터에 오버헤드가 포함된 비트열을 PDU(Protocol Data Unit)라고 한다. PDU는 계층별 통신 기능을 위한 헤더(Header)와 트레일러(Trailer)가 추가되어, 계층별로 네트워크 PDU, 데이터링크 PDU 등으로 불린다. 여기에서, 데이터링크 PDU는 패킷(Packet)이라고도 한다. 마지막 단계로, 물리 계층에서 데이터링크 PDU에 PDU의 시작과 끝을 나타내는 비트열, 즉, 프리앰블(Preamble)과 포스트앰블(Postamble)이 추가되어 프레임이라 한다.

분할을 함에 따라 발생하는 장점은 다음과 같다. 첫째, 모든 노드가 공정하게 전송 매체에 접속할 수 있다. 즉, 공유된 전송 매체에서 한 노드가 전송할 때, 다른 노드들은 전송하지 못한다. 만약, 한 노드의 프레임의 길이가 크다면 다른 노드들은 오랫동안 전송을 못 한다. 이를 짧은 길이의 프레임으로 분할하여 전송하고, 프레임과 프레임 사이에 일정 시간 이상의 간격을 준다면, 두 프레임 사이에 다른 노드들이 전송할 수 있게 된다. 물론, 이 경우 동일 시점에 어떤 노드가 먼저 전송되어야 하는지와 같은 매체 접속 제어 방식이 마련되어야 한다.

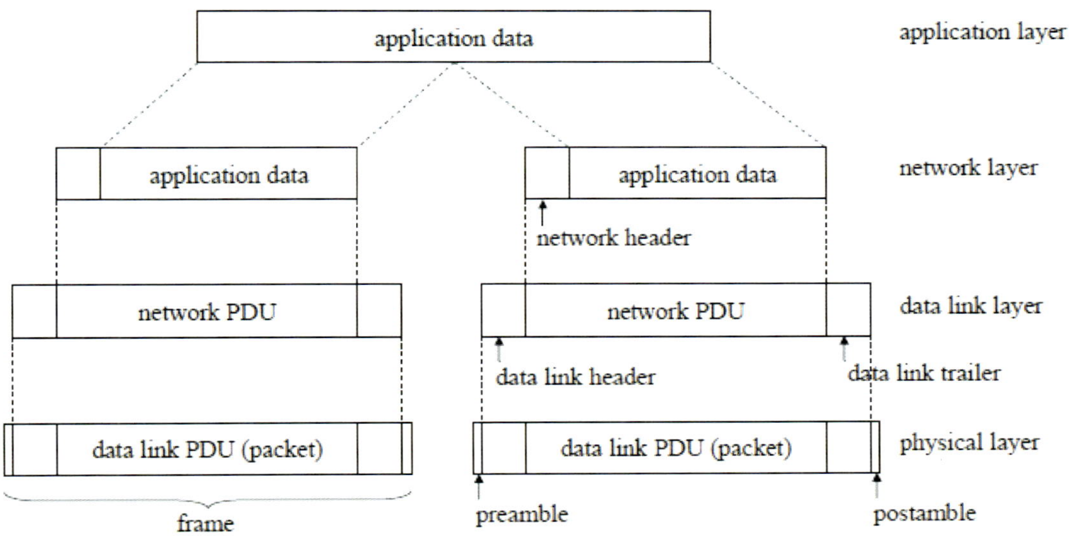

그림 2-27 게이트웨이에 의한 이기종 네트워크 간의 상호 연결

둘째, 효과적인 에러 제어(Error Control)와 빠른 재전송(Retransmission)이 가능하다. 네트워크에서 수신기는 프레임을 수신한 후 에러가 있는지를 검사한다. 만약, 에러가 있다면 수신기는 해당 프레임을 무시해버리고, 송신기가 다시 전송할 때까지 기다리는 에러 제어 방법을 주로 사용한다. 만약, 프레임의 길이가 길다면, 에러가 났을 때 재전송해야 하는 프레임의 길이도 커지게 된다. 따라서, 프레임의 길이를 적절하게 하여 재전송해야 하는 프레임의 길이를 제한하는 게 전송 용량을 효율적으로 사용하는 방법이다.

셋째, 수신기에서 전송 버퍼(Transmission Buffer)의 크기를 줄일 수 있다. 일반적으로, 프레임에는 에러 제어에 관한 비트열들이 포함되어 있다. 수신기가 수신된 프레임에 에러가 있는지를 검사하려면, 모든 프레임을 다 받은 후에 에러 제어에 관한 비트열들을 검사하여 에러 여부를 판단하게 된다. 이를 위하여, 수신기는 적어도 한 개 이상의 프레임을 전송 버퍼에 저장할 수 있어야 한다. 만약, 프레임의 길이가 크다면 당연히 전송 버퍼의 크기도 커져야 한다. 전송 버퍼의 크기는 트랜시버의 가격에 비례하므로, 가능한 한 전송 버퍼가 작게 하는 게 좋다.

그러나, 프레임을 너무 많이 분할하게 되면, 오버헤드가 커진다는 단점이 있다. 만약, 프레임에 포함되는 데이터의 길이가 짧고 상대적으로 오버헤드의 길이가 커지게 되면, 전체적으로 전송이 비효율적으로 바뀌게 된다.

(2) 메시지 형식화

응용 데이터를 분할한 후 제어 정보를 합쳐 만들어진 비트열을 프레임이라 한다. 프레임에는 다양한 제어 정보들이 포함된다. 일반적으로, 응용 데이터에 제어 정보를 합쳐 프레임을 만드는 작업을 메시지 형식화(Message Formatting)라 하며, 프레임은 프로토콜에 따라 다양한 형태의 제어 정보들이 포함된다. 그림 2-28은 IEEE 802.3의 프레임 포맷을 나타내고 있다. IEEE 802.3 프레임에 포함된 제어 정보에는

7	1	2 or 6	2 or 6	2	≥0	≥0	4
preamble	SFD	DA	SA	length	data	pad	FCS

SFD : start frame delimiter
DA : destination address
SA : source address
FCS : frame check sequence

그림 2-28 IEEE 802.3 프레임 포맷

다음과 같은 것들이 있다.

- 프리앰블(Preamble) : 수신기에서 비트 동기화를 위해서 사용되는 7바이트 길이의 비트열이다. 프리앰블에는 0과 1이 반복되어 나타난다.
- SFD(Start Frame Delimiter) : 실제 프레임의 시작을 가리키는 0b10101011의 문자열로서, 수신기가 프레임의 나머지 부분 중 첫 비트의 위치를 찾을 수 있도록 한다.
- 목적지 주소(Destination Address) : 프레임이 향하는 목적지 노드를 표시한다. 유일한 물리적 주소이거나 그룹 주소, 또는 전체 주소이다. 주소는 2바이트를 사용할 수 있으며, 6바이트까지 확장할 수 있다.
- 발신지 주소(Source Address) : 프레임을 보낸 발신지 노드를 표시한다.
- 길이(Length) : 데이터의 길이를 표시한다. IEEE 802.3 프레임의 길이는 프리앰블과 SFD를 제외하고 최대 1,518byte의 길이를 가진다.
- 데이터(Data) : 상위 계층으로부터 전송되어 내려오는 데이터이다. 데이터는 상위 계층, 즉, TCP 계층이나 IP 계층에서 필요한 제어 정보들이 포함된 PDU의 형태로 되어 있다.
- 패드(Pad) : 프레임이 적절한 충돌 감지 동작을 위해 매우 길다는 것을 확인하도록 추가되는 비트열이다. IEEE 802.3 프레임의 길이는 프리앰블과 SFD를 제외하고 최소 64byte 이상 되도록 패드값이 설정되어야 한다.

- FCS(Frame Check Sequence) : 프리앰블, SFD를 제외한 부분에 대한 32bit CRC(Cyclic Redundancy Check) 값이다. CRC는 에러 감지를 위하여 만들어진 알고리즘이다.

그림 2-29는 CAN의 프레임 구조를 나타내고 있다. CAN 프레임에 포함된 제어 정보에는 다음과 같은 것들이 있다.

unit : bit

1	12 or 32	6	0 to 64	16	2	7	3
SOF	arbitration	control	data	CRC	ACK	EOF	inter-mission

SOF : start of frame
CRC : cyclic redundancy check
ACK : acknowledgement
EOF : end of frame

그림 2-29 CAN 프레임 포맷

- SOF(Start Of Frame) : SOF는 프레임의 시작을 가리키는 1bit 지시자이다. 수신기는 1에서 0으로 변화되는 시점에 프레임이 시작된다는 것을 알 수 있다.
- 중재 필드(Arbitration Field) : 중재 필드는 메시지의 충돌을 방지하기 위하여 설정된 비트이다. 중재 필드는 CAN 2.0A 버전에서는 12bit, CAN 2.0B 버전에서는 32bit로 확장될 수 있다.
- 제어 필드(Control Field) : 제어 필드는 주로 데이터 길이를 표시한다.
- 데이터(Data) : CAN의 데이터는 최소 0바이트에서 최대 8바이트까지 전송할 수 있다. CAN은 IEEE 802.3과는 달리 제어용 네트워크를 위하여 개발된 것이기에, 센서 신호나 액추에이터 신호 등과 같은 매우 짧은 주기로 발생하는 실시간 데이터를 처리하기에는 충분한 길이이다.
- CRC(Cyclic Redundancy Check) : SOF, FCS를 제외한 모든 부분에 대한

16bit CRC 값이다.

- ACK(Acknowledgement) : 에러가 없는 프레임을 받은 수신자들은 프레임의 성공적인 수신을 알리기 위하여 ACK 필드를 이용할 수 있다.
- EOF(End Of Frame) : EOF는 프레임의 끝을 가리키는 7bit 지시자이다. EOF는 1의 값으로 설정되어 전송된다.
- Inter-Mission Field : 프레임과 프레임 사이에는 프레임 간의 중복을 피하고자 적어도 3bit의 간격이 보장되어야 한다.

02 주소 지정

(1) 노드 기반 주소 지정

내장형 네트워크 시스템에서 어느 한 노드가 메시지를 보내기 위해서는 프레임에 송신지 주소와 수신지 주소를 포함해야 한다. 이러한 작업을 주소 지정이라고 한다. 내장형 네트워크 시스템에서 주소 지정은 노드 기반 주소 지정(Node-based Addressing)과 메시지 기반 주소 지정(Message-based Addressing)으로 나눌 수 있다.

노드 기반 주소 지정은 내장형 네트워크 시스템에서 스테이션에 직접 이름을 붙이는 방법이다. 보통 대다수 송수신기는 하드웨어적으로 고유하고 복잡한 주소를 가지고 있다. 이러한 주소를 물리적 주소(Physical Address)라고 부른다. 그러나, 물리적 주소는 매우 복잡하여 일반적으로 사용하기가 쉽지 않다. 따라서, 이를 간단히 하기 위하여 다양한 형태의 논리적 주소(Logical Address)를 사용한다. 보통, Profibus와 같은 프로토콜에서는 각 스테이션을 1번부터 시작하여 n번까지 할당하는 방법을 사용한다. 반면 TCP/IP와 같은 프로토콜에서는 IP 주소 등을 이용하기도 한다.

(2) 메시지 기반 주소 지정

메시지 기반 주소 지정은 내장형 네트워크 시스템에서 프레임에 주소를 직접 붙이는 방법이다. 즉, 데이터별로 1번부터 시작하여 n번까지 할당하고, 주소별로 발신지 노드와 목적지 노드가 사전에 정의된다. 메시지 기반 주소 지정 방법을 사용하는 가장 대표적인 프로토콜로는 CAN이 있다. CAN에서는 주소를 식별자(IDentifier)라고 부른다. 프레임별로 ID가 할당되며, 이 ID에 따라 목적지 노드가 결정된다. CAN에서 발신지 노드는 프레임을 모든 노드에 보낸다. 프레임을 수신한 노드는 프레임에 있는 ID를 검사하여 자신과 관계된 ID였으면 수신하고, 그렇지 않았을 때 무시한다. 일반적으로, 메시지 기반 주소 지정 방식에서 노드의 주소는 무시되거나 필요하지 않다.

네트워크 시스템에서 사용되는 가장 보편적인 주소 지정은 하나의 발신지 노드나 목적지 노드를 가리키는 방법이다. 이 경우 주소는 유니캐스트(Unicast) 주소라고 부른다. 또한, 주소는 여러 개의 노드를 가리킬 수도 있다. 이러한 주소를 가진 프레임은 다수의 목적지 노드에 의하여 수신된다. 예로, 경고 신호는 모든 노드에서 보내질 수도 있으며, 특정 센서 신호는 몇 개의 컨트롤러 노드로 보내질 수 있다. 네트워크에 참여하는 모든 노드에 보내지는 주소 지정 방식을 브로드캐스트(Broadcast)라고 하며, 네트워크에 참여하는 노드 중 일부 노드에 보내지는 주소 지정 방식을 멀티캐스트(Multicast)라고 부른다.

03 전송 방식

[1] 단방향(Simplex), 반이중(Half-duplex), 전이중(Full-duplex) 방식

단방향 방식은 데이터가 오직 한 방향으로만 전송되는 통신 방법이다. 송신자는 데이터를 보내기만 하고 수신자는 데이터를 받기만 할 수 있으며 서로 역할을 바꿀 수 없다. 단방향 방식의 통신의 대표적인 사례는 라디오 방송, TV 방송, 키보드 입력(키보드에서 컴퓨터로만 데이터가 전송됨), 모니터 출력(컴퓨터에서 모니터로만 데이터가 전송됨) 등의 사례가 있다.

그림 2-30 단방향 통신 방식

반이중 방식은 양방향으로 데이터 전송이 가능하지만, 동시에 전송할 수는 없는 통신 방법이다. 한쪽에서 데이터를 보내면 다른 쪽은 받을 수만 있고, 반대로 다른 쪽에서 데이터를 보내려면 이전 전송이 끝나기를 기다렸다 전송이 끝나면 보낼 수 있다. 마치 단일 차선에서 양방향 차량이 교대로 통행하는 것과 비슷한 방식으로 무전기(한 사람이 말하면 다른 사람은 들을 수만 있고, 말하려면 "오버"라고 말한 후 기다려야 함)가 대표적인 반이중 방식이다.

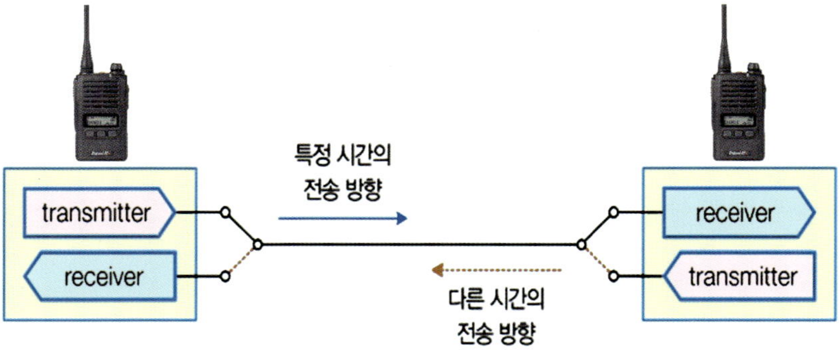

그림 2-31 반이중 통신 방식

전이중 방식은 양방향으로 데이터 전송이 동시에 가능한 통신 방법이다. 송신자와 수신자가 동시에 데이터를 주고받을 수 있으며, 이는 가장 효율적인 통신 방법이다. 마치 두 차선이 있는 도로에서 양방향 차량이 동시에 통행하는 것과 같으며 전화 통화(동시에 말하고 들을 수 있음)나 휴대폰 통신이 대표적인 전이중 방식이다.

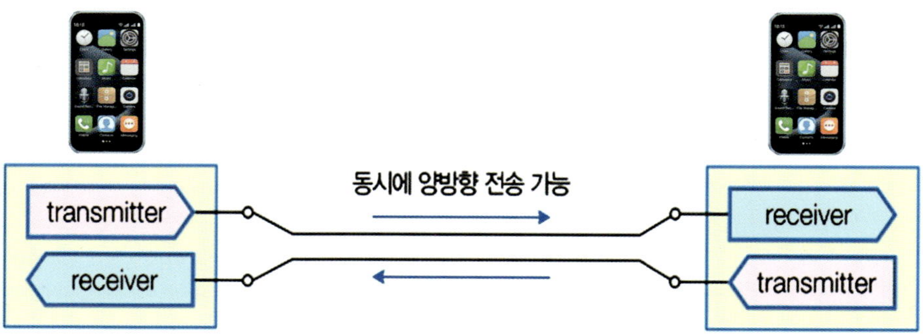

그림 2-32 전이중 통신 방식

(2) 병렬 통신과 직렬 통신

데이터를 전송하는 방식으로는 여러 개의 전송 매체를 이용하여 동시에 전송하는 병렬 통신(Parallel Communication)과 한 개의 전송 매체를 이용하여 한 번에 한 비트씩 전송하는 직렬 통신(Serial Communication)으로 나눌 수 있다. 병렬 통신은 여러 개의 데이터 전송 라인을 이용하여 다수의 비트가 한 번에 전송하는 방식으로서, 전송 속도가 직렬 통신에 비해 빠르다. 주로 마이크로컨트롤러와 주변 장치 간의 데이터 전송에 효과적이다. 그러나, 거리가 멀어지면 전송 회선의 비용이 증가한다는 단점이 있다. 직렬 통신은 한 개의 데이터 전송용 라인을 이용하여 한 번에 한 비트씩 전송하는 방식으로서, 구현하기 쉽고 가격이 싸며 거리 제한이 병렬 통신보다 적다. 다만, 병렬 통신에 비하여 전송 속도가 느리다는 단점이 있다.

그림 2-33(a)은 8개의 데이터 버스(Data Bus)를 이용하여 두 개의 기기가 데이터를 교환하는 병렬 통신 방식이며, 그림 2-33(b)은 한 개의 전송 매체를 이용하여 데이터를 교환하는 직렬 통신 방식이다. 대표적인 병렬 통신 방식으로는 패러렐 포트(Parallel Port)를 이용한 프린트와 PC 간의 연결, AQ(Data Acquisition Board)와 터미널(Terminal) 간의 연결 등이 여기에 해당한다. 반면, 직렬 통신 방식은 거의 대다수의 네트워크 프로토콜에서 사용되는 방식이다.

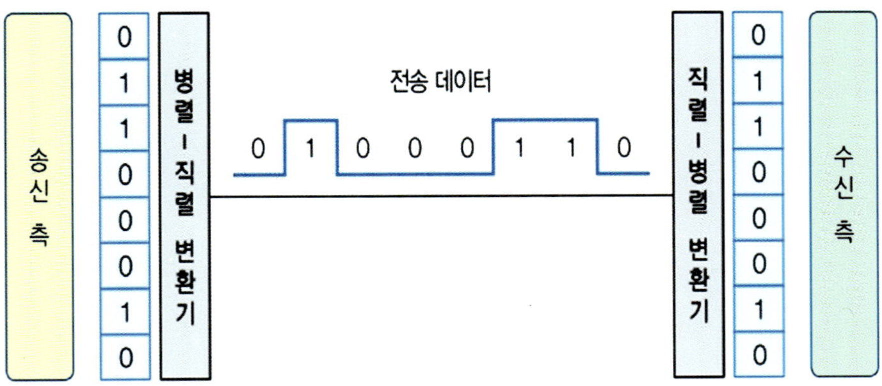

(a) 병렬 전송 방식

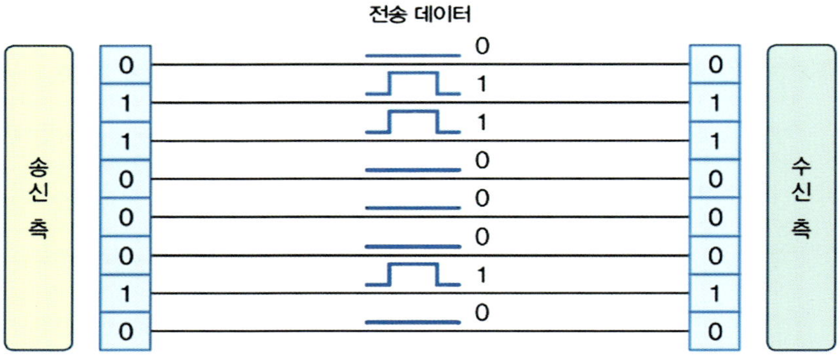

(b) 직렬 전송 방식

그림 2-33 병렬 및 직렬 전송 방식

(3) 비동기 전송과 동기 전송

비동기 전송(Asynchronous Transmission)과 동기 전송(Synchronous Transmission)은 비트 타이밍(Bit Timing)을 어떻게 처리하느냐에 따라 나누어진다. 즉, 공유된 전송 매체를 사용하는 네트워크에서 송신기과 수신기 간에 동기화를 어떻게 시키는가에 따라 전송 방식이 달라진다고 볼 수 있다.

일반적으로, 아무리 정교한 트랜시버라고 하더라도 트랜시버에 내장된 마이크로컨트롤러의 타이머에는 조금의 차이가 있다. 이러한 차이를 동기화시키지 않고, 시간이 지나 누적되게 되면, 두 클록 간에는 한 비트 시간 길이 이상의 차이가 날 수가 있다. 예로, 두 노드의 마이크로컨트롤러의 클록 간에 1%의 시간 오차가 발생한다고 가정한다. 그러면, 100개 비트가 전송되고 나면, 두 노드의 클록은 1bit 차이가 나게 된다. 이러한 비트 타이밍의 영향으로 인하여 송수신기는 전혀 다른 값을 읽을 수도 있게 된다. 특히, 신호에 클러킹(Clocking) 기능이 내장되지 못한 NRZ-L과 같은 인코딩 방식에서 비트 타이밍의 문제는 심각해지게 된다. 그러나, 맨체스터와 같이 신호에 클러킹 기능이 내장될 때는 이러한 비트 타이밍 오류는 큰 문제가 되지 않는다.

비동기 전송은 주로 NRZ-L과 같은 클러킹 기능이 내장되지 못한 신호를 이용하여 전송할 때 주로 사용하는 전송 방식이다. 비동기 전송에는 비트 타이밍 문제를 해결하기 위하여 긴 비트열을 보내지 않고, 한 번에 한 문자(Character) 단위로 전송하는 방식이다. 이때 각 문자의 길이는 7bit 또는 8bit를 많이 사용한다. 그림 2-31은 전형적인 비동기 전송의 프레임을 나타내고 있다. 프레임에는 7bit의 데이터와 1bit의 패리티 비트(Parity Bit), 그리고 1bit의 시작 비트(Start Bit), 1 또는 2bit의 정지 비트(Stop Bit)가 포함되어 총 10~11bit의 문자 단위로 전송된다.

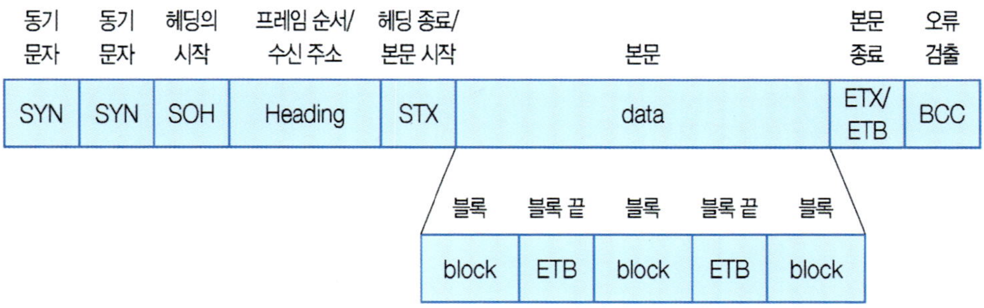

그림 2-34 비동기 전송의 데이터 구조

비동기 전송에서 전송 매체에는 항상 1의 신호, 즉 0V의 신호가 흐른다. 만약, 송신기가 프레임을 보내려고 할 때는 시작 비트를 0으로 변화시키고 데이터를 보내게 된다. 반면, 수신기는 전송 매체를 관찰하다가 1에서 0으로 변화될 때 프레임의 전송이 시작되고 있음을 감지하고 데이터를 수신하게 된다. 이러한 방법에 따라 송신기와 수신기의 동기는 시작 비트에 의하여 재동기화(Resynchronization)가 이루어진다. 비동기 전송은 동기 전송에 비하여 매우 간단하고 가격이 저렴하다. 이러한 이유로, 비동기 전송은 RS232C, RS485 등 여러 프로토콜에서 채택되고 있다. 그러나, 8bit의 데이터 전송에 3bit의 오버헤드가 포함된다는 단점이 있다. 따라서, 비동기 전송은 매우 낮은 전송 속도에서만 사용할 수 있다.

동기 전송은 매우 일반적인 전송 방법으로서, NRZ-L을 사용하는 CAN 프로토콜에서부터 맨체스터를 사용하는 IEEE 802.3까지 거의 프로토콜 대다수에서 사용되고 있다. 동기 전송에서는 그림 2-35와 같이 데이터와 제어 정보로 구성된 프레임 단위로 전송이 이루어진다. 따라서, 송신기와 수신기의 동기화를 위한 도구가 필요하다. 맨체스터 신호 방식을 사용하는 IEEE 802.3 프로토콜에서는 동기가 신호에 내장되어 있어서 큰 문제가 되지는 않는다. 그러나, NRZ-L과 같은 신호를 사용하는 CAN 프로토콜에서는 비트 타이밍에 문제가 생길 수도 있을 정도의 긴 0이나 1이 발생할 때는 문제가 될 수 있다. 이러한 문제를 방지하기 위하여 CAN에서는 비트 스터핑(Bit Stuffing) 기능이 사용된다. 즉, 0이나 1이 5개 나오게 되면 극성이 반대인 1이나 0을 첨가하여 같은 비트열이 나오지 않도록 한다. 또 다른 방법으로는 주기적으로 트랜시버의 클록을 동기화시킬 수 있는 프레임을 만들고, 이 프레임을 이용하여 트랜시버의 클록을 일치시키는 방법도 있다.

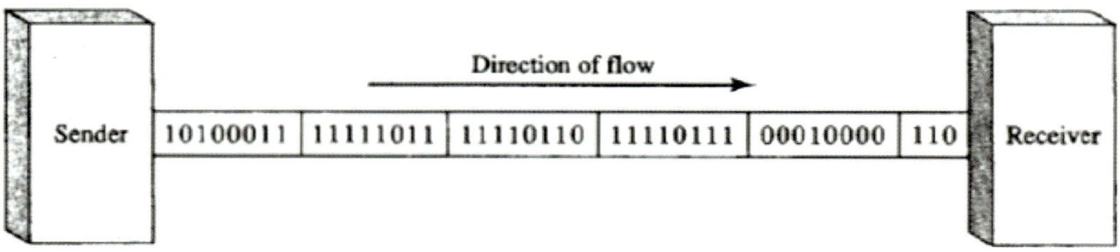

그림 2-35 동기 전송

동기 전송은 프레임의 시작과 끝을 구분하기 위하여 프로토콜에 따라 프리앰블(Preamble)과 포스프앰블(Postamble)을 붙인다. IEEE 802.3에서는 프리앰블만 사용되며, CAN에서는 1bit의 프리앰블과 7bit의 포스트앰블이 사용된다고 볼 수 있다.

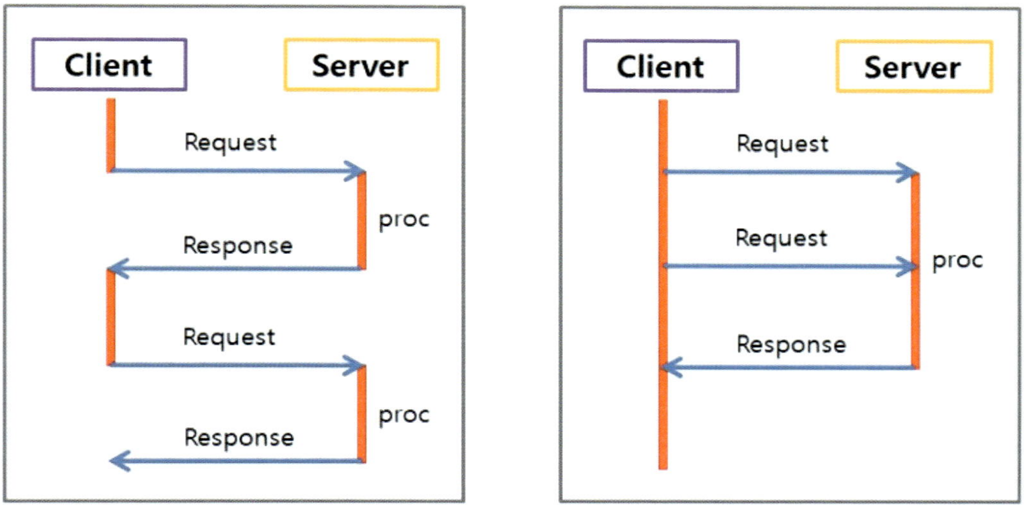

그림 2-36 동기(오른쪽) 전송과 비동기(왼쪽) 전송 방식 비교

04 연결 제어

(1) 연결 제어

연결 제어(Connection Control)는 두 개의 노드가 원활한 통신이 이루어지도록 데이터를 주고받는 절차에 대하여 정의하고 있다. 일반적으로, 두 개의 노드는 프레임을 전송하기 위하여 연결 설정(Connection Establishment), 프레임 전송(Frame Transmission), 연결 종료(Connection Termination)와 같은 3단계를 따른다. 먼저, 연결 설정 단계에서는 두 노드가 프레임을 교환하는 것에 동의하는 절차를 의미한다. 전형적으로 한 노드는 다른 노드에 연결 요청 프레임(Connection Request Frame)을 전송하여 연결 설립을 요청한다. 이를 수신한 수신 노드는 연결 수락 프레임(Connection Accept Frame)을 전송하여 연결을 설정한다. 연결 설정에 이어 프레임 전송 단계로 넘어간다. 이 단계에서 데이터와 제어 정보를 교환한다. 그림 2-37에서 데이터는 송신 노드에서 수신 노드로 보내지고, 그에 대한 회신은 반대 방향으로 보내진다. 여기에서, 만약 수신 노드가 송신 노드로 보내고자 하는 데이터가 있는 경우에는 ACK를 데이터에 포함해 보냄으로써 응답할 수도 있다. 이러한 방법을 피기백(Piggyback)이라고 한다. 마지막으로, 어느 한쪽에서 연결을 종료하려하면, 종료 요청 프레임(Termination Request Frame)을 보낸다. 종료 요청 프레임을 받은 노드는 종료 수락 프레임(Termination Accept Frame)을 보내면서 연결을 종료한다.

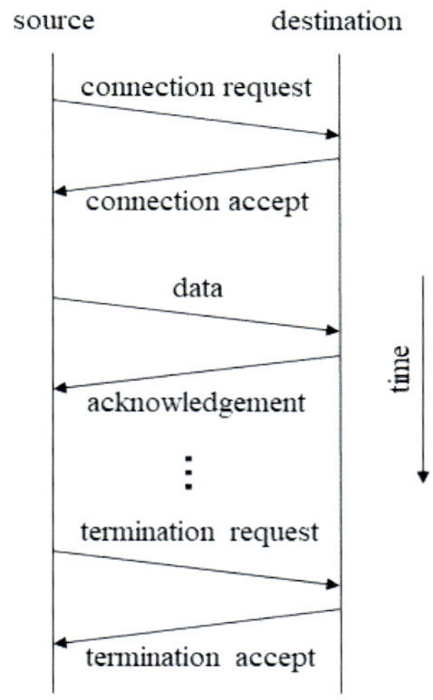

그림 2-37 연결 제어의 3단계

(2) 연결 지향 서비스와 비연결 서비스

내장형 네트워크 시스템에서 연결 설정, 프레임 전송, 연결 종료의 3단계를 모두 가지는 서비스를 연결 지향 서비스(Connection Oriented Service) 또는 연결 모드(Connection Mode)라고 부른다. 연결 지향 서비스에서는 두 노드 간에 통신하려면 반드시 연결 설정을 하여야 한다. 반대로, 연결 설정과 연결 종료 단계를 없애고, 프레임 전송 단계만 가지는 서비스를 비연결 서비스(Connectionless Service) 또는 비연결 모드(Connectionless Mode)라고 부른다. 대체로 비연결 서비스는 브로드캐스트 형식으로 프레임을 전송하고, 프레임에 수신자로 기록된 노드들만 해당 프레임을 받아들이고 나머지 노드들은 해당 프레임을 무시하는 방식을 사용한다.

(3) 확인 서비스와 비확인 서비스

내장형 네트워크 시스템에서 송신 노드의 요청 프레임에 대하여 수신 노드가 응답하는 경우, 즉, ACK를 보내는 경우 확인 서비스(Acknowledged Service)라고 한다. 반면, 송신 노드의 요청 프레임에 대하여 응답하지 않는 경우, ACK를 보내지 않는 경우 비확인 서비스(Unacknowledged Service)라고 한다. 비확인 서비스에서 송신 노드는 요청한 동작이 발생했는지를 확인을 받지 못한다. 전형적으로, 요청 프레임과 응답 프레임으로 구성되는 연결 설정, 프레임 전송, 연결 종료 단계는 확인 서비스로 볼 수 있다. 그러나, 어떤 프로토콜에서는 송신 측이 프레임만 전송하고 ACK 프레임을 받지 않을 때도 있다. 이럴 때, 프레임 전송은 미확인 서비스로 수행된 것이라 볼 수 있다.

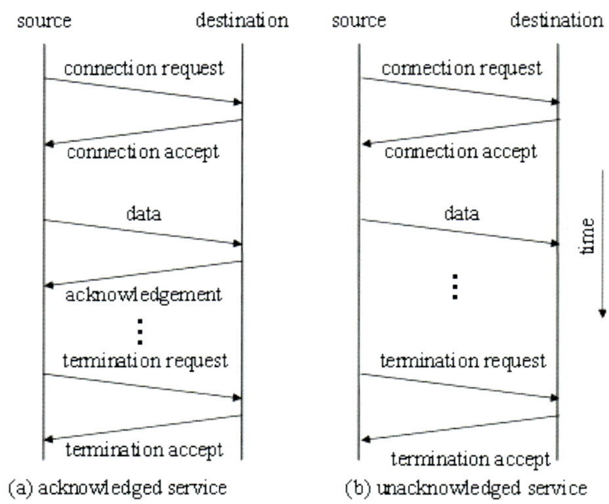

그림 2-38 확인 서비스와 미확인 서비스

05 흐름 제어

(1) 흐름 제어

흐름 제어(Flow Control)란 수신 노드에서 데이터가 오버플로(Overflow)가 발생하지 않도록 송신 노드의 전송을 제어하는 방법을 말한다. 일반적으로, 통신 노드는 그림 2-39와 같이 호스트 컨트롤러와 프로토콜 컨트롤러 사이에 송신 버퍼와 수신 버퍼를 가지고 있다. 여기에서, 호스트 컨트롤러는 데이터의 생성과 처리 등에 관한 역할을 담당하며, 프로토콜 컨트롤러는 데이터 분할과 캡슐화, 프레임 형식화, 인코딩, 에러 제어 등을 담당한다. 마지막으로, 송신 버퍼는 호스트 컨트롤러로부터 데이터를 받아서 전송이 가능해질 때까지 저장하는 기능을 수행하고, 수신 버퍼는 전송 매체로부터 프레임을 수신한 후에 에러가 있는지를 검사한 후에 호스트 컨트롤러로 전달하는 기능을 수행한다. 전형적으로 수신 노드의 프레임 처리 속도는 에러 검사 등의 이유로 송신 노드의 프레임 처리 속도보다 느리다고 볼 수 있다. 만약, 송신 노드가 수신 노드가 처리할 수 있는 능력보다 더 빠르게 프레임을 보낸다면, 수신 버퍼에 덮어쓰거나 수신된 프레임을 버리는 경우가 발생한다. 이러한 이유로, 송신 노드에서는 프레임을 보내는 속도를 조절할 필요가 있다.

(2) 정지-대기 흐름 제어

흐름 제어의 가장 간단한 형태로는 정지-대기(Stop-And-Wait) 흐름 제어가 있다. 먼저, 송신지 노드는 프레임을 전송한다. 목적지 개체는 프레임을 받은 후 방금 받은 프레임에 대한 확인 응답을 되돌려 보냄으로써 다음 데이터를 받아들이겠다는 의사를 표시한다. 발신지는 다음 프레임을 전송하기 전에 확인 응답을 수신할 때까지 기다려야 한다. 목적지는 단순히 확인 응답을 보류함으로써 데이터의 흐름을 정지시킬 수 있다. 이 절차는 잘 동작하지만 하나의 메시지가 몇 개의 큰 프레임들로 보내질 때는 실제 거의 개선사항이 없다. 정지-대기 흐름 제어는 매우 간단한 방식이지만, 데이터 전송률이 아주 높거나 송신기와 수신기 사이의 거리가 매우 긴 경우에는 회선을 효율적으로 사용하지 못한다는 단점이 있다.

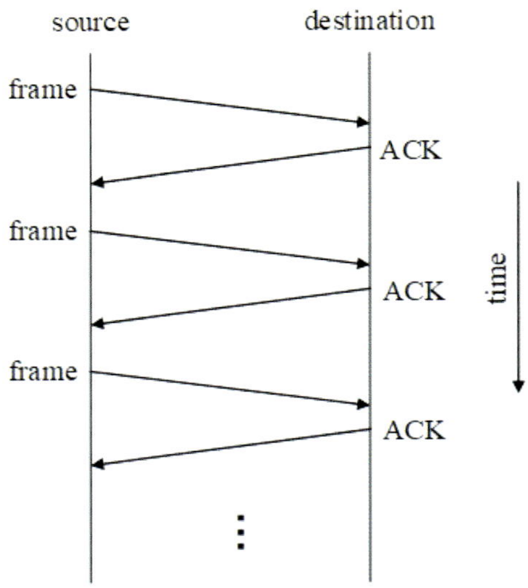

그림 2-39 정지-대기 흐름 제어의 타이밍도

[3] 슬라이딩 윈도우 흐름 제어

정지-대기 흐름 제어는 한 번에 한 개의 프레임만이 전송된다는 단점이 있다. 이로 인하여 정지-대기 흐름 제어는 전송 매체를 효율적으로 사용하지 못한다. 이러한 문제를 해결하는 방법은 한 번에 여러 개의 프레임이 전송되도록 한다면 해결된다. 또한, 전이중 방식을 사용하여 송신과 수신이 동시에 이루어진다면, 매우 효율적으로 될 것이다.

그림 2-40은 전이중 방식으로 연결된 두 노드 간에 프레임이 어떻게 전송되는지를 보여준다. 각 노드는 한 번에 n개의 프레임을 보낼 수 있도록 설정한다. 즉, 수신 노드는 확인 응답을 보내지 않고도 n개의 프레임을 한 번에 수신할 수 있으며 송신 노드는 확인 응답을 기다리지 않고도 n개의 프레임을 한 번에 송신할 수 있다. 각 프레임의 확인 응답 여부를 추적하기 위해 각 프레임에는 순서번호를 붙인다. 수신 노드는 다음에 받을 프레임의 순서번호를 확인 응답 프레임에 넣어 보낸다. 이 확인 응답은 수신 노드가 그 순서번호로 시작되는 n개의 프레임을 수신할 준비가 되었음

을 명시적으로 통보하는 것이다. 이 방식은 역시 다중 프레임의 확인 응답에도 사용할 수 있다. 예로, 수신 노드가 프레임 2, 3, 4를 수신하지만 프레임 4가 도착할 때까지 확인 응답을 보류할 수 있다. 수신 노드는 순서번호 5를 가진 확인 응답을 송신 노드에 보냄으로써 한꺼번에 프레임 2, 3, 4를 확인 응답한다. 송신 노드는 송신할 순서번호의 리스트를 유지하고, 수신 노드는 수신할 준비가 된 순서번호의 리스트를 유지한다. 이들 각 리스트를 프레임의 윈도로 생각할 수 있으며, 이러한 동작을 슬라이딩 윈도우 흐름 제어라 한다. 사용되는 순서번호는 프레임의 한 필드를 차지하므로, 크기가 일정한 범위의 값으로 제한되어야 한다. 예를 들어, 3bit 필드에 대해 순서번호는 0-7이다. 일반적으로 k 비트 필드에 대해 순서번호는 0-2k-1의 범위에 있다. 따라서, 윈도의 최대 크기는 2k-1이 된다.

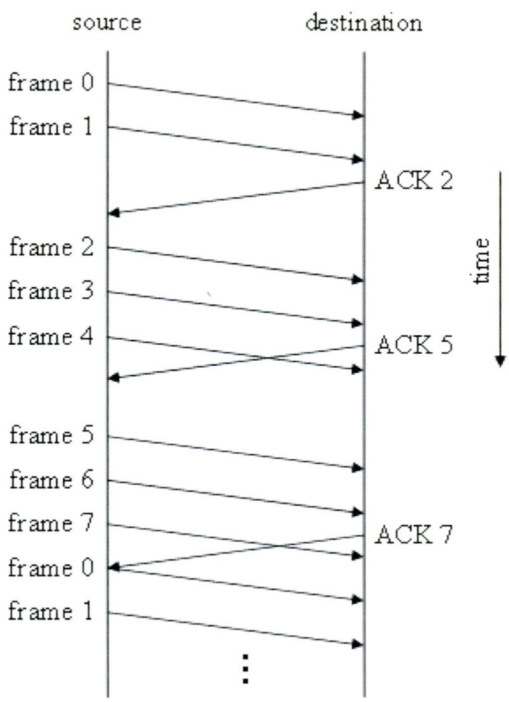

그림 2-40 슬라이딩 윈도우 흐름 제어의 타이밍도

06 에러 제어

(1) 에러 제어

에러 제어는 프레임의 전송 과정에서 생길 오류를 검출하고 정정하는 기법을 의미한다. 에러 검출은 순환 중복 검사와 같은 프레임에 부가적인 비트를 추가하고, 이를 검사함으로써 이루어진다. 만약 순환 중복 검사에 의하여 에러가 검출되었다면, 다음 단계는 에러 회복을 위하여 에러 제어 단계로 들어간다. 데이터는 흐름 제어에서 설명한 바와 같이 프레임의 순서 열로 송신된다. 즉, 프레임은 보내진 순서대로 도착하고, 각 프레임은 수신되기 전에 임의의 가변 지연이 생긴다. 여기서 두 종류의 오류가 생길 수 있다. 우선, 상대방에 도착하지 않는 프레임인 분실된 프레임이다. 잡음은 프레임을 손상하고 수신기는 프레임의 송신 사실을 인지하지 못할 수 있다. 특히, 수신지 주소에 에러가 발생하면 수신기는 프레임이 자기 주소에 해당하는지를 인식하지 못한다. 다음으로 프레임이 손상되는 경우이다. 인식 가능한 프레임이 도착하지만, 순환 중복 검사 결과 에러가 있는 것으로 파악된 경우이다. 에러 제어에 관한 기법을 일반적으로 자동 반복 요청(ARQ, Automatic Repeat Request)이라고 부른다. ARQ는 신뢰할 수 없는 데이터링크를 신뢰할 수 있는 링크로 만들어주는 효과가 있다.

(2) 정지-대기 ARQ

정지-대기 ARQ는 정지-대기 흐름 제어 기법에 함께 사용한다. 발신지 스테이션은 한 개의 프레임을 전송하고 나서 확인 응답이 오기를 기다려야 한다. 목적지의 확인 응답이 오기 전까지는 다른 프레임의 전송이 불가능하다. 두 가지 종류의 오류가 발생할 수 있다. 첫 번째, 목적지에 도착한 프레임이 손상을 입은 경우이다. 앞에서 설명한 오류 검출 기법을 사용해서 수신기는 이를 검출하고, 단순히 프레임을 폐기한다. 이런 가능성을 고려해서, 송신기는 타이머를 가지고 있다. 한 개의 프레임을 전송한 후, 발신지 스테이션은 확인 응답이 오기를 기다리는데 타이머의 설정 시간이 만료될 때까지 확인 응답이 오지 않으면, 같은 프레임을 다시 보낸다. 이런 시스템에서는 프레임을 전송한 후, 이 프레임에 대한 ACK를 받을 때까지 그 프레임의 사본을 유지해야 한다.

두 번째 종류의 오류는 확인 응답이 손상을 입는 경우이다. 스테이션 A가 한 개의 프레임을 보낸 이후 스테이션 B는 그 프레임을 오류 없이 수신하고 ACK로 응답한다. 이 경우 ACK가 전송 중에 손상되어 A가 인식하지 못하면, A는 같은 프레임을 재전송한다. 따라서 B는 같은 프레임의 사본을 두 개 수신하는 셈이다. 이러한 문제점을 피하고자 프레임에 동일하게 0과 1을 붙이면, 양의 확인 응답은 ACK0, ACK1의 형식으로 된다. 슬라이딩 윈도 규약을 지키기 위해 ACK0(ACK1)은 프레임 1(0)의 수령을 확인 응답하고, 수신기가 0(1) 번호의 프레임임을 받을 준비가 되었음을 표시한다.

정지-대기 ARQ 방식이 매우 단순하지만 전송 용량을 낭비한다는 단점이 존재한다. 이에 따라, 슬라이딩 윈도 흐름 제어를 사용하는 프로토콜에서 에러 제어를 위하여 연속 ARQ(Continuous ARQ)가 개발되었다. 가장 일반적으로 널리 사용되는 슬라이딩 윈도 흐름 제어에 기반을 둔 오류제어는 후진-N ARQ(Go-Back-N ARQ)과 선택적 거절 ARQ(Selective-Repeat ARQ) 방식이 있다.

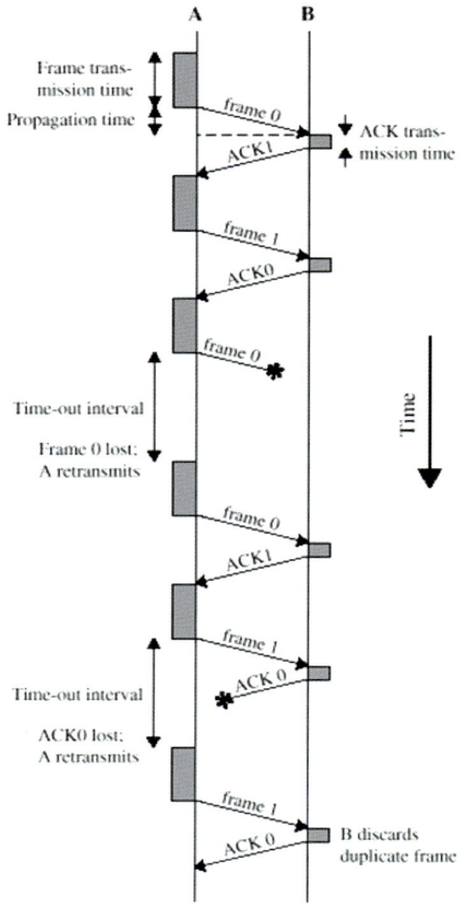

그림 2-41 정지-대기 ARQ 타이밍도

07 매체 접속 제어(MAC)

(1) 매체 접속 제어

차량 통신 시스템에서 여러 제어기가 CAN 통신으로 데이터를 주고받는 상황은 마치 여러 사람이 하나의 도로를 함께 사용하는 것과 같다. 이때, 아무런 규칙 없이 모든 차량이 동시에 도로에 진입한다면 극심한 혼란과 정체, 충돌이 발생할 것이다. 차량 통신 시스템도 여러 제어기가 동시에 데이터를 전송하려고 하면 신호 충돌(Collision)이 발생하고 데이터가 손상되거나 전송 효율이 극도로 저하될 수 있다. 이러한 문제를 해결하고 공유 매체에 대한 질서 있는 접근을 보장하는 데 필요한 것이 매체 접근 제어(Media Access Control)이다. 매체 접속 제어는 OSI 7계층 모델 중 데이터링크 계층의 하위 계층으로 여러 장치가 물리적 매체를 어떻게 효율적으로 공유하고, 데이터 충돌을 방지하며, 성공적인 데이터 전송을 보장할 것인지를 규정하는 규칙을 정리한 것이다.

매체 접근 제어는 단일 매체를 여러 제어기가 공유함으로써 자원의 낭비를 줄이고 비용 효율성을 높일 수 있으며 여러 제어기가 동시에 데이터를 전송하여 신호가 중첩되는 충돌 현상을 방지하거나 최소화한다. 또한, 충돌로 인한 데이터 손상을 막아 데이터의 정확성과 신뢰성을 유지하고 모든 제어기가 매체를 사용할 수 있는 기회를 공정하게 제공하여 특정 장치만 매체를 독점하는 것을 방지한다. 매체 접근 제어는 이와 같은 방식을 통하여 제한된 네트워크 대역폭을 여러 사용자가 효율적으로 나누어 사용할 수 있도록 한다.

매체 접속 제어 방식은 크게 세 가지 주요 유형으로 분류할 수 있다. 첫 번째 방식은 경쟁(Contention) 기반 방식으로 장치들이 매체 사용을 위해 경쟁하는 방식이다. 충돌이 발생할 수 있으며, 이를 감지하고 복구하는 메커니즘이 필요하고 구현이 비교적 간단하고 효율적이지만, 네트워크 부하가 높을 때는 성능이 저하될 수 있다. 경쟁 기반 방식의 매체 접속 제어 방식은 알로하와 반송파 감지 다중 접근(CSMA, Carrier Sense Multiple Access) 방식이 있다. 두 번째 방식은 예약(Reservation) 기반 방식으로 제어기가 매체 사용을 예약하거나, 중앙 제어 장치의 허가를 받는 방식이다. 충돌이 발생할 가능성이 매우 낮거나 없으며 안정적인 성능을 보장하지만, 예약 절차로 인한 오버헤드가 발생할 수 있다. 예약 기반 매체 접속 제어 방식은 시분할 다중 접근(TDMA, Time Division Multiple Access), 주파수 분할 다중 접근

(FDMA, Frequency Division Multiple Access)과 코드 분할 다중 접근(CDMA, Code Division Multiple Access) 방식이 있다. 마지막 방식은 폴링/토큰(Polling/Token) 기반 방식으로 마스터가 슬레이브에게 순서대로 통신 기회를 부여하거나, 특수 토큰을 가진 장치만 통신할 수 있는 방식이다. 충돌이 발생하지 않으며, 공정성을 보장하지만, 중앙 제어 장치나 토큰 전달 메커니즘으로 인한 오버헤드가 있다. 폴링/토큰 기반 매체 접속 제어 방식은 폴링, 토큰 링과 토큰 버스 방식이 있다.

(2) 매체 접속 제어 방식

경쟁 기반 매체 접속 제어 방식은 가장 널리 사용되는 방식 중 하나로 통신 매체가 비어있을 때 여러 장치가 동시에 데이터를 전송하려고 시도할 때 경쟁이라는 방식을 통하여 통신을 할 수 있는 권한을 부여한다. 대표적인 경쟁 방식인 알로하는 순수 알로하와 슬롯 알로하로 구분되며 순수 알로하는 제어기가 전송할 데이터가 있으면 언제든지 매체에 전송하는 방식이다. 충돌이 발생하면 일정 시간 기다린 후 재전송하는 매우 단순하지만, 충돌 확률이 높은 방식이다. 슬롯 알로하는 시간을 고정된 슬롯으로 나누고, 제어기는 슬롯의 시작 시점에만 데이터를 전송할 수 있으며 순수 알로하보다 충돌 확률이 줄어들어 효율성이 개선된다. 알로하 방식은 구현이 간단하다는 장점에 비하여 충돌 발생률이 높고 부하가 증가하면 효율이 급격하게 떨어지는 단점을 가지고 있으며 초창기 매체 접속 제어 방식으로 최근에는 거의 사용하지 않는다.

반송파 감지 다중 접근 방식은 데이터를 전송하기 전에 매체가 사용 중인지 감지(Listen Before Talk)한 후 매체가 비어있으면 전송하고 매체를 사용 중이면 기다리는 방식이다. 하지만, 매체 감지 후 동시에 전송 시 충돌이 발생할 수 있다. 반송파 감지 다중 접근 방식은 충돌을 감지하는 충돌 감지(CSMA/CD, Collision Detection)와 충돌 회피(CSMA/CA, Collision Avoidance) 방식이 있다. 충돌 감지 방식은 매체가 비어있을 때 데이터를 전송하며, 전송 중에도 충돌 발생 여부를 감지한다. 매체에 충돌이 감지되면 즉시 전송을 중단하고, 특정 시간(Backoff Time)을 기다린 후 재전송하는 방법이다. 충돌을 감지하기 때문에 충돌 가능성이 낮은 장점이 있으며 충돌 발생 시 재전송으로 인한 지연이 발생할 수 있다. 또한, 충돌 감지할 수 없는 무선 환경에서는 사용할 수 없는 방법이다. 충돌 감지 방법은 유선 이더넷(10BASE-T, 100BASE-TX 등)에 주로 사용된다.

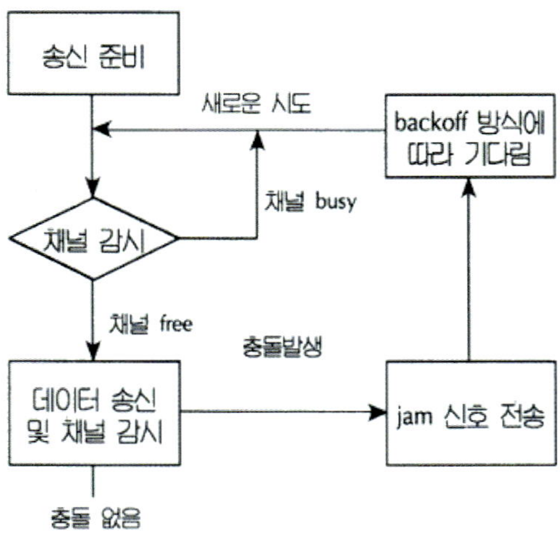

그림 2-42 반송파 감지 다중 접근/충돌 감지 매체 접속 제어 방식

방송파 감지 다중 접근/충돌 회피 방식은 충돌 감지가 어려운 무선 환경(모든 노드가 서로의 신호를 감지하기 어려운 Hidden Node Problem 등)에서 주로 사용된다. 데이터를 전송하기 전에 RTS(Request To Send)/CTS(Clear To Send) 같은 제어 신호를 교환하여 충돌을 사전에 회피하려고 노력한다. 충돌을 회피하는 노력은 무선 환경에 적합하며, 충돌로 인한 데이터 손실을 줄일 수 있다. 하지만, RTS/CTS 교환으로 인한 추가 오버헤드가 발생하여 네트워크의 효율을 저하한다.

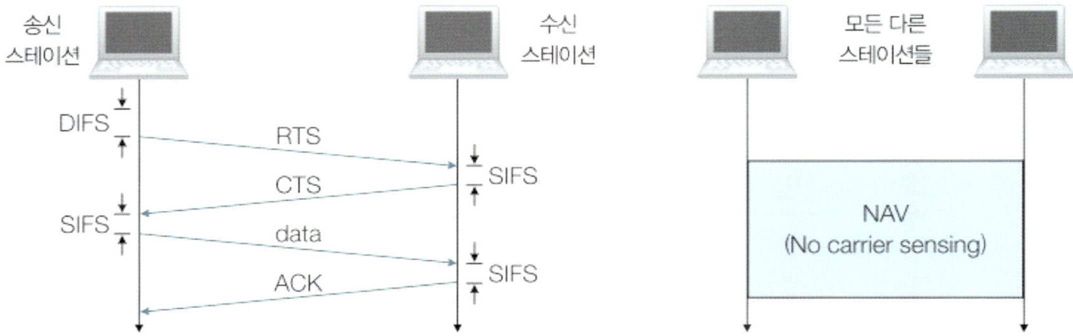

그림 2-43 반송파 감지 다중 접근/충돌 회피 매체 접속 제어 방식

CAN에서 사용되는 CSMA/CD+NDA(N-Destructive Arbitration) 방식은 CSMA/CD 방식에 ID 필드를 추가하여 메시지의 우선순위를 추가로 부여하는 방식으로 충돌을 방지하는 방식을 사용한다. CAN 통신은 NDA 방식으로 메시지의 실시간성과 충돌로 인한 네트워크 효율이 저하되는 것을 방지한다.

예약 기반 매체 접속 제어 방식은 예측 가능한 성능과 안정적인 통신 환경을 구축할 수 있다는 측면에서 유리한 매체 접속 제어 방식이다. 시분할 다중 접근 방식은 전체 통신 시간을 작은 시간 슬롯(Time Slot)으로 나누고, 각 시간 슬롯을 특정 제어기에 할당하여 매체를 사용하게 하는 방식이다. 제어기는 자신의 할당된 시간 슬롯에만 데이터를 전송할 수 있어 충돌이 발생하지 않아 안정적으로 통신을 할 수 있다. 반면에, 데이터 전송량이 적은 스테이션도 할당된 시간 슬롯을 비워두어야 하므로 대역폭 낭비가 발생할 수 있고 지연시간이 발생할 수 있다. 그림 2-44에서 보는 바와 같이 각 프레임을 위한 슬롯은 시간별로 구획되어 있다. 시분할 다중 접근 방식은 제어기가 사용하여야 하는 시간이 정해져 있으며 하나의 사이클이 시작되면, 각 제어기는 자신에게 할당된 슬롯에서만 전송을 할 수가 있다.

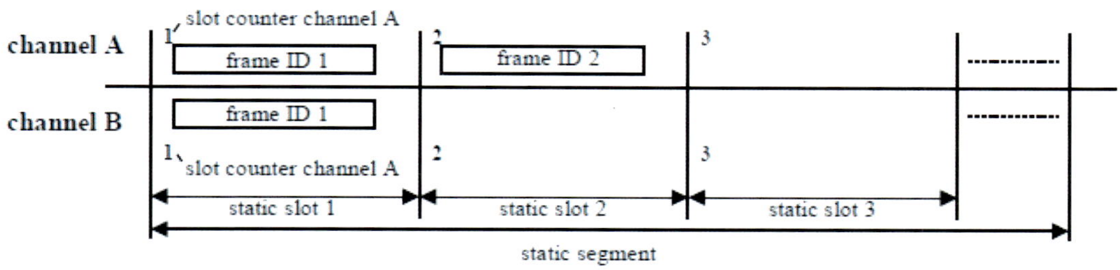

그림 2-44 시분할 다중 접근 매체 접속 제어 방식

주파수 분할 다중 접근 방식은 전체 주파수 대역을 여러 개의 작은 주파수 채널로 나누고, 각 채널을 특정 제어기에 할당하여 매체를 사용하게 하는 방식이다. 제어기는 할당된 주파수 대역으로만 통신을 할 수 있어 충돌이 발생하지 않아 안정적이며 각 채널이 독립적으로 운영된다. 주파수 분할 다중 접근 방식은 주파수 자원이 한정적이고, 채널 간 간섭을 막기 위한 보호 대역(Guard Band)이 필요하여 효율성이 저하될 수 있다. AM/FM 라디오 방송, 아날로그 TV 방송, 초기 이동통신 등에 주파수 분할 다중 접근 방식이 주로 사용되고 있다.

코드 분할 다중 접근은 모든 스테이션이 같은 시간, 같은 주파수 대역을 사용하지만, 각 스테이션에 고유한 코드를 할당하여 신호를 구분한다. 수신기는 자신이 통신하고자 하는 스테이션의 코드를 사용하여 해당 신호만 추출한다. 코드 분할 다중 접근은 주파수 효율이 높고, 보안성이 좋으며 여러 사용자가 동시에 통신 가능하여 유연하다. 반면에, 복잡한 인코딩/디코딩 기술이 필요하며 사용자가 많아지면 간섭이 증가하여 성능이 저하될 수 있다. 코드 분할 다중 접근 방식은 3G 이동통신(WCDMA, CDMA2000), GPS 등이 대표적인 사용 분야이다.

마지막 방식은 폴링/토큰(Polling/Token) 기반 방식으로 마스터가 슬레이브에 순서대로 통신 기회를 부여하거나, 특수 토큰을 가진 장치만 통신할 수 있는 방식이다. 우선, 폴링은 하나의 마스터 제어기와 슬레이브 제어기로 구성된 토폴로지에서 동작한다. 모든 데이터는 최후의 목적지가 슬레이브 제어기일 때조차도 마스터에서 만들어진다. 마스터 제어기는 링크를 제어하고, 슬레이브 장치들은 마스터 제어기의 명령에 따른다. 주어진 시간에 어느 장치에 채널 사용을 허용할 것인가는 마스터 제어기에 달려 있다. 그러므로, 마스터 제어기는 항상 세션의 처음 시작이다. 마스터 제어기가 데이터를 받기를 원한다면, 슬레이브 제어기에 송신할 것이 있는지를 물어본다. 이 기능을 폴링이라 부르며 만약 마스터 제어기가 데이터를 송신하고자 한다면, 목표인 슬레이브 제어기에 준비하도록 알려준다. 이 기능을 선택이라 부른다. 전형적으로, 폴링은 한 개의 제어기와 다수의 센서 또는 모터 제어기로 구성된 산업용 네트워크 시스템에서 많이 사용되는 방식이다. 폴링을 적용한 프로토콜로는 Profibus-DP가 있다.

토큰 링 방식은 링 형태로 연결된 제어기들이 토큰이라는 특수한 제어 패킷을 순서대로 주고받는다. 토큰을 소유한 스테이션만이 데이터를 전송할 수 있고 데이터 전송 후 토큰을 다음 스테이션으로 전달하는 방식이다. 충돌이 발생하지 않아 예측 가능한 성능을 제공하고 부하가 높은 환경에서 효율성이 좋다. 제어기가 토큰을 잃어버리거나 손상되면 네트워크가 멈출 수 있고, 새로운 제어기를 추가하기 어려운 점이 있다. 토큰이 없는 제어기는 전송할 수 있는 기회를 기다려야 하므로 지연이 발생할 수 있어 현재에는 거의 사용하지 않는다.

그림 2-45 토큰 링 접근 매체 접속 제어 방식

토큰 버스는 버스형 토폴로지에서 토큰 링과 유사한 토큰 방식을 사용하는 매체 접속 제어 방식으로 물리적으로는 버스형이지만, 논리적으로는 토큰 링처럼 토큰이 순차적으로 전달된다. 버스에 연결된 제어기가 논리적으로 순서가 있는 링을 구성하고 토큰은 이 논리적 링을 따라 한 장치에서 다음 장치로 순차적으로 전달된다. 토큰을 획득한 제어기만 데이터를 전송할 수 있으며 데이터 전송이 완료되거나 할당된 시간이 지나면, 토큰을 다음 논리적 순서의 제어기로 전달하는 방식이다. 충돌이 발생하지 않아 안정적인 성능을 제공하지만 논리적 링 구성 및 토큰 전달 메커니즘으로 인해 구현이 복잡하다.

03

PART

차량 통신 시스템

1. 차량 통신 역사
2. 차량 통신의 종류
3. 차량 통신 전송 방법
4. 차량 통신 시스템 구성
5. 차량 통신 시스템 에러 관리

CHAPTER

01 차량 통신 역사

01 차량 통신 역사

통신이 적용된 초기에는 정보를 공유할 필요가 있는 제어기와 제어기가 1:1(Point To Point)통신으로 정보를 공유했다. 주로 UART(Universal Asynchronous Receiver/Transmitter)라는 통신 방식을 사용하여 저속/저용량 위주의 통신이 이루어졌다. 하지만 배기가스 규제가 심해지고 엔진 및 변속기의 성능이 향상되면서 더욱 빠르고 정밀한 제어가 필요해짐에 따라 대용량의 정보를 실시간에 가깝게 전송하는 통신 방식이 필요하게 되었다.

1984년에 발표된 CAN 통신은 이러한 문제점을 해결할 수 있는 대안으로 제시되었으며, 1991년 최초로 자동차에 적용되었다. 그 후 시스템 필요에 필요한 통신 속도에 따라 고속 CAN과 저속 CAN으로 나뉘어 사용되었으며, 바디전장 제어를 위해 FTLS CAN과 LIN 통신이 적용되었다. 현재 전 세계 자동차에는 CAN 통신이 필수가 될 만큼 폭넓게 사용되고 있으며. CAN 통신보다 더욱 빠르고 안정성을 갖춘 통신 시스템이 개발되어 자동차에 적용될 수 있도록 진행 중에 있다. 아래는 HMG에 적용된 통신 시스템의 전체 흐름이다.

파워트레인/섀시		
년도	차종	통신 명
1998	쏘나타 (EF)	· 엔진/변속기/ABS · HS C CAN 적용
2000	옵티마 (MS)	
~		
2014	제네시스 (DH)	· IGPM 적용 · CGW 적용 · C CAN/P CAN 분리
2020	GV80	· CAN FD 적용

바디전장		
년도	차종	통신 명
1996	그랜저	· MUX 통신 적용
1999		· LAN 통신 적용
2000	에쿠스 (LZ)	· 3선 동기 통신 적용
2005		· FTLS CAN 적용 · 저속
2008	쏘나타 (YF)	· 중형차종 · FTLS CAN 적용
2009	로체 (MG) 아반떼 (HD) 포르테 (TD)	· 중형 및 중형 이하 차종 · FTLS CAN 적용
~		
2017	그랜저 (IG)	· High Speed CAN 적용
2018	전 차종	· 제네시스 기준 약 15개 · 제어기에 저속 or 고속 CAN 통신 적용

멀티미디어		
년도	차종	통신 명
2005	그랜저 (TG)	· FTLS CAN (Local)
2008	제네시스 (BH)	· FTLS CAN · MOST 적용
2010	쏘나타 (YF)	· 중형차종 · FTLS CAN 적용
2011	K5(TF) 아반떼 (MD)	· 중형 및 중형 이하 차종 · FTLS CAN 적용
2013	K3(YD)	
2016	EQ900 (G90)	· I CAN 적용 (Hight Speed)
2020	GV80	· 이더넷 적용 (Ethernet)

▶ 차량 통신 History 1

1996년

MUX 통신

- 적용 차종: 그랜저(다이너스티)
- 통신 방식: 디지털 전송방식
- 적용 범위: 바디전장(DDM, ADM, ETACS)

1998년

C CAN 최초 적용

- 적용 차종: 쏘나타(EF)
- 통신 방식: High Speed CAN
- 적용 범위: 섀시 제어(엔진, 변속기, ABS)

○ 2000년 옵티마(MS) 적용

모든 차종으로 파워트레인 및 섀시 제어기에 확대 적용

1999년

LAN 통신

- 적용 차종: 에쿠스(LZ)
- 통신 방식: 디지털 전송 방식
- 적용 범위: 바디전장(DDM, ADM, I/P BOX, ETACS)

2000년

3선 동기 방식

- 적용 차종: 에쿠스(LZ)
- 통신 방식: 송신(TX), 수신(RX), SCK(시간)
- 적용 범위: 바디전장(DDM, ADM, I/P BOX)

2005년

B CAN 최초 적용

- 적용 차종: 에쿠스(LZ)
- 통신 방식: FTLS CAN
- 적용 범위: 바디전장

C CAN ⊕ B CAN — 섀시 시스템과 바디전장 시스템 CAN 적용

○ 2009년 로체(MG) 적용

모든 차종으로 바디전장 제어기에 확대 적용

○ 2005년 그랜저(TG) 콘솔과 FATC Local CAN 적용

2008년

MM CAN 최초 적용

- 적용 차종: 제네시스(BH)
- 통신 방식: FTLS CAN
- 적용 범위: 멀티미디어(AVN, AMP 등)

C CAN ⊕ B CAN ⊕ MM CAN — 각 시스템의 정보 공유 네트워크 적용

○ 2011년 K5(TF) 적용

모든 차종으로 바디전장 제어기에 확대 적용

▶ 차량 통신 History 2

2014년

P CAN 최초 적용 / **IGPM 적용 (CGW)**

· 적용 차종: 제네시스(DH)
· 통신 방식: High Speed CAN
· 적용 범위: 파워트레인 위주

C CAN + B CAN + MM CAN

+ P CAN + D CAN

○ 2015년 확대적용

· 2014년 이후 모든 친환경 차에 적용
· 준 중형 이상 차종에 확대 적용 중

2016년

I CAN 최초 적용

· 적용 차종: EQ900(HI)
· 통신 방식: High Speed CAN
· 적용 범위: IGPM과 AVN 보안 통신

블루링크, UVO 적용 차량에 확대 적용 중

2020년

CAN FD 최초 적용 / **Ethernet 최초적용**

적용 시 I CAN 삭제

E CAN 추가 적용

· 적용 차종: GV80(JX)
· 통신 방식: High Speed CAN
· 적용 범위: 파워트레인 및 섀시(CAN FD)
멀티미디어(이더넷)

P CAN FD + C CAN FD + E CAN FD + B CAN

MM CAN + D CAN + Ethernet

· 준 중형 이상 CAN FD 확대 적용 예정
· 제네시스 브랜드에 Ethernet 확대 적용 예정

CHAPTER

02 차량 통신의 종류

01 K-Line [모든 차종 다 적용(스마트키 이모빌라이저 인증에 사용)]

표준 번호	통신 속도	기준전압	적용 시스템
ISO 9141	4.8Kbit/s 4.8Kbps	12V	• SMK(IBU)와 엔진 ECU의 이모빌라이저 인증 통신

ISO 9141에서 정의한 프로토콜을 기반으로 차량 진단(OBD: On Board Diagnostics)을 위해 적용된다. 일반적으로 흔히 K-line이라 부르며, 제어기가 1:1 통신이 필요한 요소에 사용된다. 만일 통신이 필요한 제어기가 2개를 초과하면 K-Line은 사용할 수 없다.

차량이 전자화되면서 시스템을 제어하는 ECU의 진단이 필요하게 되었다. 전자화 초기에는 차량에 적용된 ECU가 통상적으로 엔진 ECU 1개에 불과하였다. 따라서 진단 장비와 ECU가 1:1로 통신할 수 있는 K-Line이 적용되어 진단을 수행하였다. K-Line은 통신 주체가 확실히 구분되는 마스터, 슬레이브 방식으로 통신을 한다. 마스터 제어기가 통신을 시작하면 슬레이브 제어기는 마스터 제어기의 신호에 따라 Wake-Up 요구/응답, 데이터 요구/응답을 반복하며 자신의 데이터를 전송한다. 통신 라인의 기준전압은 12V를 유지하며, 1선으로 통신을 한다. 12V의 기준전압이 제어기 신호에 따라 변해 '1'과 '0'의 신호를 만들어 데이터를 전송한다. K-Line 장점은 기준전압이 높아 통신 시 '1'과 '0'의 변화 폭이 크기 때문에 외부의 전기적인 잡음에 매우 강하지만 전송속도가 느리고 두 제어기 사이의 1:1 통신이기 때문에 다수의 제어기에 사용되는 대용량 고속 통신에는 적합하지 않다.

현재 공통적으로 한 가지 시스템에서 K-Line을 사용한다. 바로 이모빌라이저 또는 버튼 시동 시스템에서 스마트키 모듈(또는 이모빌라이저 모듈)이 엔진 ECU로 스마트키의 인증(이모빌라이저 인증) 상태를 전송하기 위한 통신에 사용된다. 이모빌라이저 인증을 위한 K-Line은 HMG 모든 차종에 적용된다. IBU에서 인증된 스마트키 정보를 ECM으로 전송하는 이모빌라이저 인증 신호는 HMG의 모든 차종이 K-Line을 사용하고 있다. 회로도에서는 일반적으로 KWP 2000을 K-Line으로 표시하기 때문에 인증 라인을 'EMS COM'으로 표시한다.

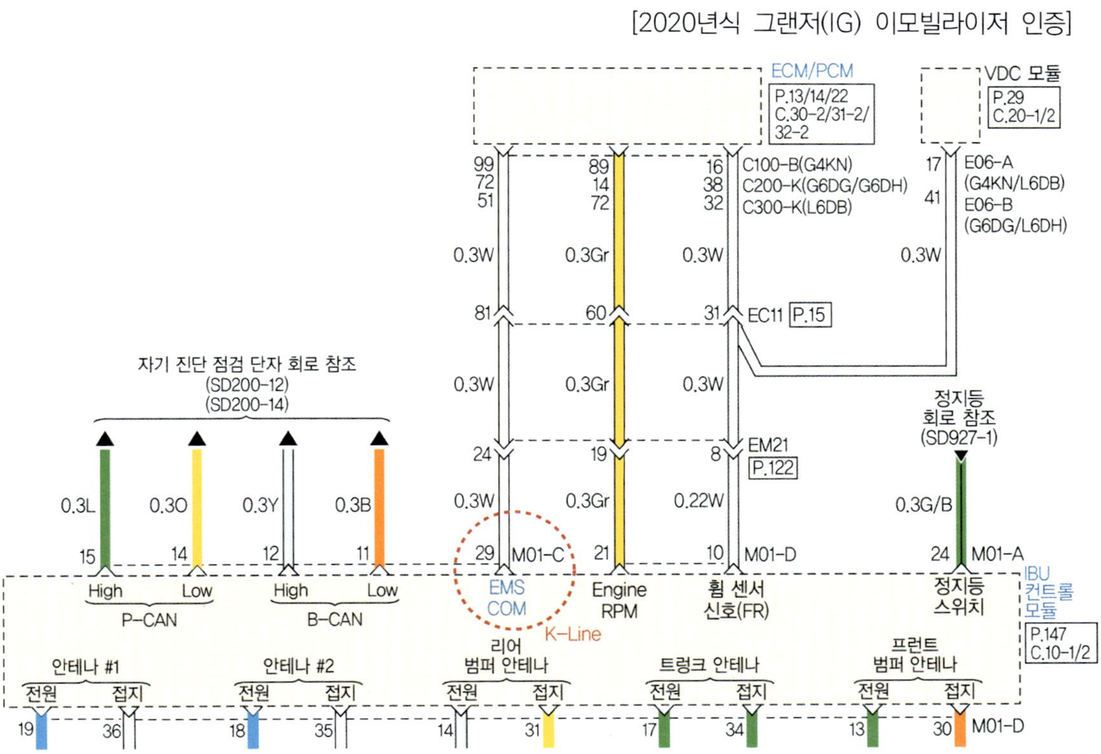

그림 3-1 K-Line 사용 사례

02 KWP 2000(keyword Protocol)

표준 번호	통신 속도	기준전압	적용 시스템
ISO 14230	10.4Kbit/s	12V	• 진단 장비와 제어기 다중 통신 • CAN 통신 적용 이후 미 적용

ISO 14230에서 정의한 프로토콜을 기반으로 차량 진단을 수행하는 통신이다. 기본적인 구성은 K-line과 동일하지만 데이터 프레임 구조가 다르다.

진단 통신을 수행하는 제어기 수가 증가하면서 진단 장비가 1:1 통신이 아닌 1:다수 통신을 하기 위해 적용되어, 차량에 CAN 통신이 적용되기 이전까지 진단 통신을 담당했다. K-Line 대비 통신 속도가 10.4kbit/s로 낮아서 빠른 데이터 출력이 가능하였다. 또한 진단 장비가 여러 제어기 또는 특정 제어기를 선택하여 통신할 수 있도록 구성된다. CAN 통신 적용 이후에도 일부 차종은 제어기의 진단 통신(FATC, 헤드램프 레벨링, 이모빌라이저)으로 사용되었으나 2020년 현재에는 적용되지 않는다. CAN 통신으로 진단 체계가 완성되기 이전 차종에서 KWP 2000을 사용하여 제어기와의 진단 통신을 수행하였다. 회로도에는 KWP 2000 대신 K-Line으로 표기된다.

[2017년식 그랜저(HG) 자가진단 단자]

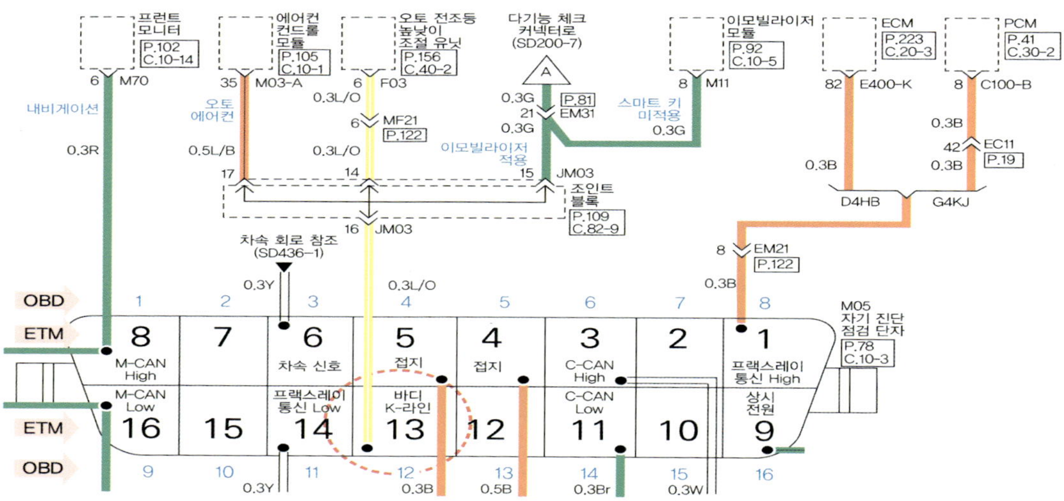

그림 3-2 KWP 2000 사용 사례

03 LIN(Local Interconnected Network)

표준 번호	통신 속도	기준전압	적용 시스템
협회 표준	20Kbit/s	12V	• 주차 거리 경고 시스템 • 발전기의 발전 제어 • 소용량의 데이터 전송이 필요한 서브 네트워크

LIN 통신은 비교적 느리고, 실시간 데이터 전송을 할 수 없기 때문에 제어기 간의 정보공유보다는 주로 센서 정보 또는 액추에이터 간의 데이터 전송에 사용된다. 따라서 주차 거리 경보 시스템의 초음파 센서와 같이 거리 정보를 전송하거나, 발전기 내부 MCU로 목표 전압을 전송하는 용도로 사용된다. 즉 LIN 통신은 CAN 네트워크에 연결된 제어기에서 하위 시스템을 구동하는 통신으로 사용된다.

LIN 통신은 12V의 기준전압을 통해 1선으로 통신한다. 통신을 시작하는 제어인 '마스터'와 요구에 응답하는 '슬레이브' 제어기로 구성되어 있으며, 하나의 마스터 제어기는 16개의 슬레이브 제어기와 데이터를 송 · 수신할 수 있다. 통신을 시작하면, 마스터 제어기는 일정한 주기로 데이터 요구 신호를 전송한다. 이 신호를 헤더(Header)라 한다. 헤더 신호가 전송되면 그 신호에 응답할 제어기는 즉시 헤더 뒤에 데이터를 덧붙여 하나의 프레임을 완성한다. 이 덧붙이는 신호를 응답(Response)이라 한다.

그랜저 TG의 경우 다기능 스위치 조작 정보를 모두 모아 LIN 통신으로 BCM에 전달하였다. 이로 인해 다기능 스위치에 연결되던 많은 배선을 하나의 통신라인으로 대체할 수 있다. 이처럼 LIN 통신은 단순하지만 많은 신호를 전송하는 목적으로 사용하기도 한다. 이후 LIN 통신은 B CAN으로 대체되었고, 현재에는 가변 저항 방식으로 스위치 신호를 전송한다.

주차 거리 경고 시스템은 IBU가 마스터 제어기이며, 4개의 초음파 센서는 IBU 신호에 의해 주차 거리를 판단한 후 거리 정보를 보내는 슬레이브 제어기이다. 이 신호를 기준으로 거리에 따른 경고음 및 클러스터를 통한 거리 표시를 한다.

[2010년식 그랜저 TG]

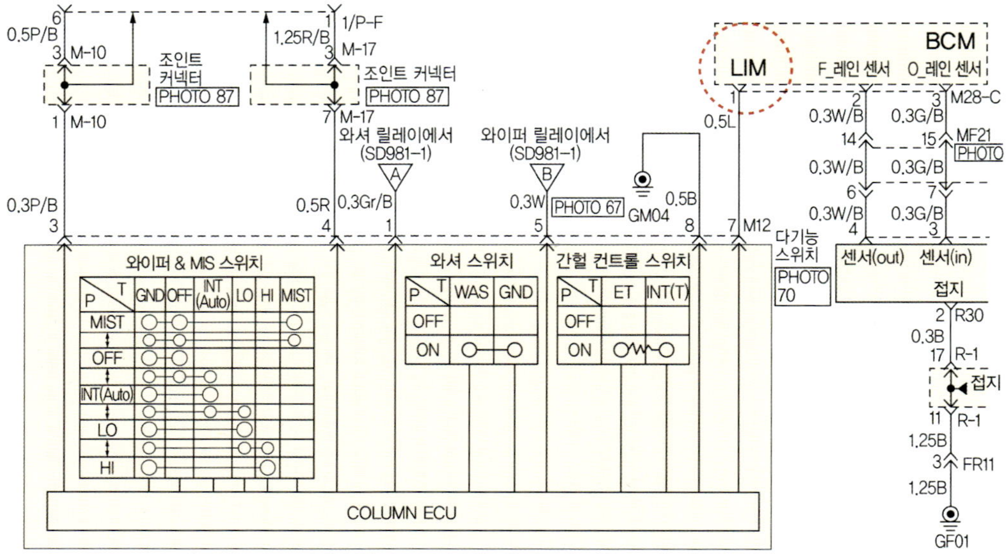

그림 3-3 LIN 통신 적용 사례(그랜저 TG 2010년식)

[2020년식 그랜저(IG) 주차 거리 경고 시스템]

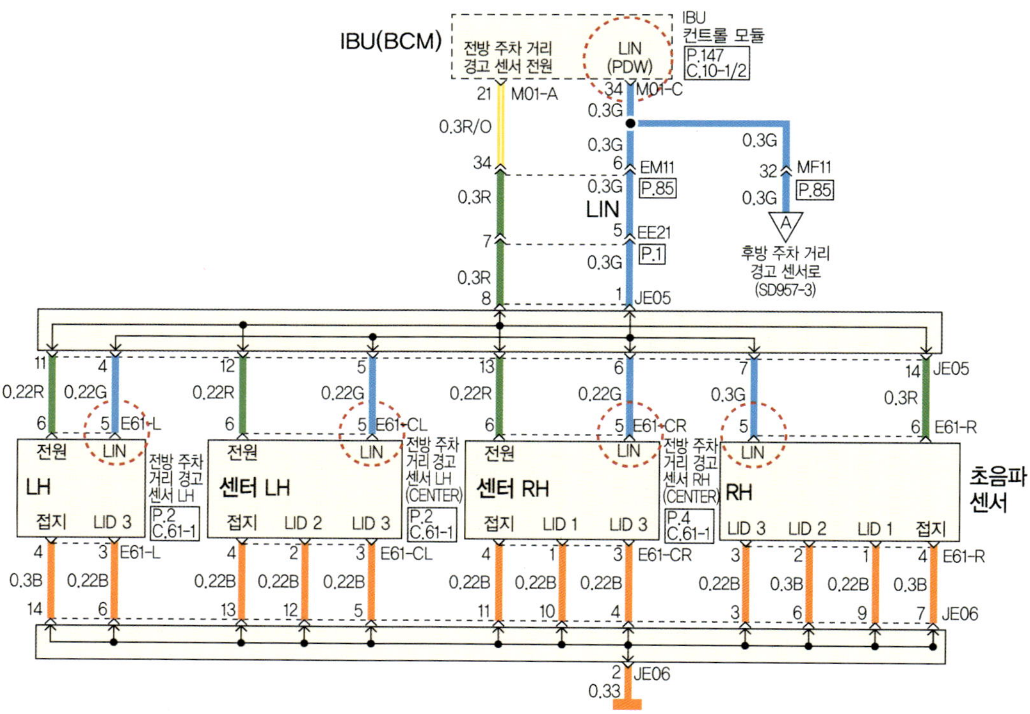

그림 3-4 LIN 통신 사용 사례(2020년식 그랜저 주차 거리 경고 시스템)

04 CAN(Controller Area Network)

	표준 번호	통신 속도	기준전압	적용 시스템
FTLS CAN (Fault Tolerance Low Speed)	ISO 11898-1, 3	100Kbit/s	· High: 0V → 3.5V · Low: 5V → 1.5V	공통된 시스템별 네트워크 구성
High Speed CAN	ISO 11898-2, 5	500Kbit/s	· High: 2.5V · Low: 2.5V	

ISO 11898로 표준화되어 있는 CAN 통신은 배기가스 규제가 강화되면서 파워트레인의 정밀한 제어를 위해 많은 양의 데이터를 공유할 수 있는 통신으로 개발되었다. 자동차에 적용되는 CAN 통신은 High Speed CAN와 FTLS CAN으로 구분된다.

1) High Speed CAN

최대 1Mbit/s 속도로 제어기 사이의 통신을 지원하며, 차량에는 500kbit/s 속도로 사용된다. 네트워크에 구성된 모든 제어기는 필요시 언제든지 통신을 시도할 수 있는 '멀티 마스터(Multi Master)'로서 통신의 주체가 된다. 단 여러 제어기가 동시에 데이터를 전송하는 것을 막기 위해 통신 프레임이 시작되는 앞쪽에 '중재 영역'을 두어 약속된 규칙에 따라 순차적으로 데이터를 전송하게 한다.

고속으로 통신을 한다는 것은 정해진 시간 동안 빠른 속도로 전압의 변화('1' 또는 '0') 를 만드는 것이다. 이때 통신 라인의 '1' 또는 '0'의 전압 변화가 크다면 빠른 전압 변화를 만들 수 없다.(예: K-Line의 경우, 12V 기준전압이 0V로 변화) 따라서 전압 변화 폭을 낮춰 신호를 빠르게 전달해야 한다. 하지만 '1'에서 '0'으로 변하는 폭이 낮아지면 신호를 수신하는 제어기는 명확하게 전달받을 수 없게 된다. 이를 해결하기 위해 CAN 통신 라인은 두 가닥으로 구성되고, 두 라인에서 동시에 변하는 전압 차이를 인식하여 '1' 또는 '0'을 판단한다. 이 두 라인을 CAN High와 CAN Low라 한다. High Speed CAN은 진단, 파워트레인, 섀시, 바디전장을 구성하는 제어기를 연결하는 메인 통신으로 적용된다.

2) FTLS CAN

FTLS CAN은 바디전장 및 멀티미디어 구성 제어기 통신에 적용되며 100kbit/s의 전송 속도로 네트워크를 공유한다. 기본적인 동작은 High Speed CAN과 동일하지만, 가장 큰 차이점은 '1'과 '0'의 변화를 인식하는 방법에 있다. 버스가 정상일 경우, CAN High/Low 두 라인의 차이를 인식하여 판단하지만 둘 중 하나의 라인이 고장(단선 또는 단락)이거나 두 라인이 상호 단락되더라도 하나의 라인만 정상이라면 통신을 유지할 수 있다. 이러한 안전 기능 때문에 '고장용인저속 CAN(FTLS)'이라 명칭한다. 이는 통신 속도는 낮지만 열악한 환경에서 안정된 통신을 하기 위한 방법이다. 그랜저(IG) 이후 중형 차종 이상은 High Speed CAN으로 변경되고 있다.

게이트 웨이 모듈에서 ECM으로 연결되는(점선) 주선과 각 조인트 커넥터에서 분기되는 지선으로 네트워크가 구성된다. 종단 저항의 위치에 따라 통신 라인의 시작과 끝이 존재한다.

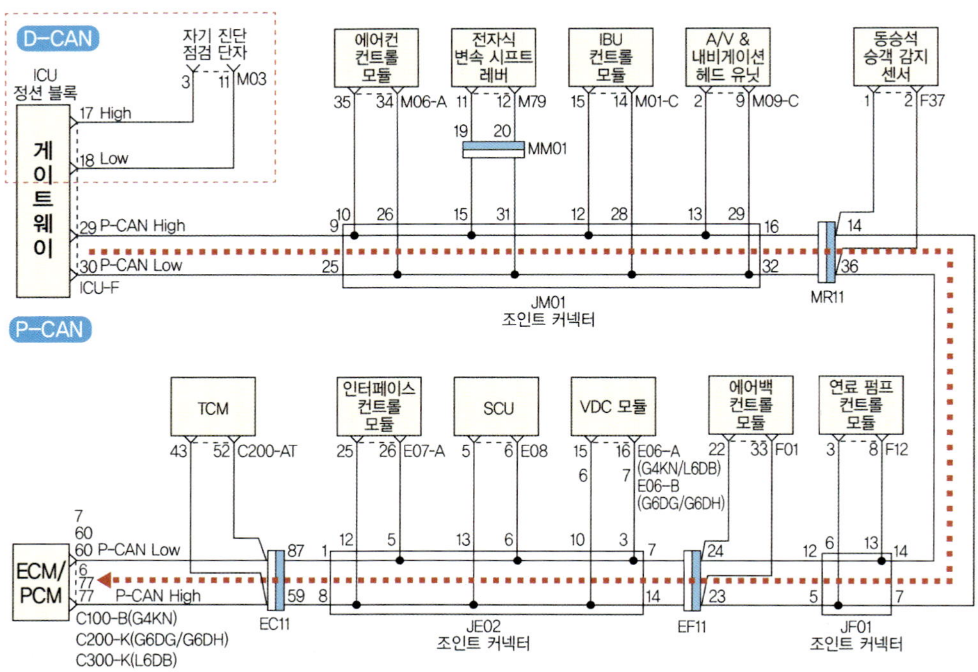

그림 3-5 2020년식 그랜저(IG) P-CAN(High Speed) 네트워크

게이트웨이 모듈에서 시작된 통신 라인은 병렬로 모든 제어기에 연결된다. 모든 제어기 내부에 종단 저항이 내장되어 있기 때문에 주선의 의미가 없다.

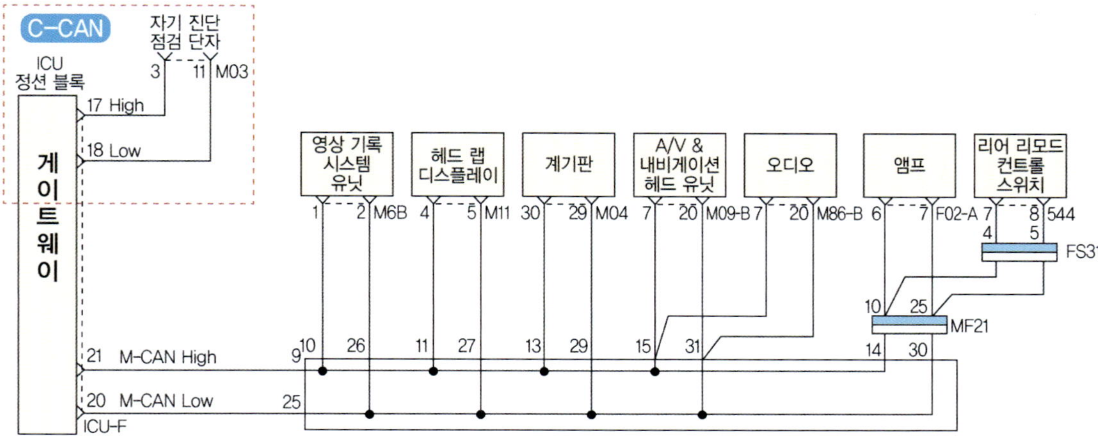

그림 3-6 2020년식 그랜저(IG) MM-CAN(FTLS) 네트워크 도식

05 CAN FD(CAN With Flexible Data-rate)

표준 번호	통신 속도	기준전압	적용 시스템
ISO 11898 (2015)	최대 8MBit/s	· High: 2.5V · Low: 2.5V	· P, C, E CAN 네트워크

자동차에 진보된 시스템이 대거 적용되면서 기존 CAN 통신으로 공유해야 하는 데이터의 양이 증가되었다. 이는 통신 라인의 부하를 높여 필요한 시기에, 필요한 정보를 전달하지 못하는 상황이 되고 말았다. 따라서 기존의 CAN 네트워크를 분할하거나 또는 더욱 빠르고, 대용량의 정보를 전송할 수 있는 통신이 필요하게 되었다.

GV80(2020년 식)을 시작으로 기존 CAN 통신을 대체할 수 있는 CAN FD가 적용되기 시작하였다. CAN FD의 프레임의 구조 및 네트워크 구조는 기존 CAN 통신과 동일하지만 최대 전송 속도는 최대 8Mbit/s이고, 데이터는 64byte까지 전송할 수 있다. CAN FD는 프레임 모든 영역에서 2Mbit/s속도로 전송되는 것이 아니다. 프레임을 시작하는 '중재영역' 및 '데이터 영역'은 기존 CAN과 동일하게 전송되고, 데이터 영역에서만 속도가 빨라진다. 이후 'ACK' 영역은 다시 기존과 같은 속도를 유지한다.

	기존 CAN	CAN FD
데이터 최대 전송 속도	1Mbit/s	8Mbit/s
차량에 적용된 전송 속도	500kbit/s	2Mbit/s
전송 가능한 데이터 양	8byte	32byte(차량 적용) (최대 64byte 사용 가능)

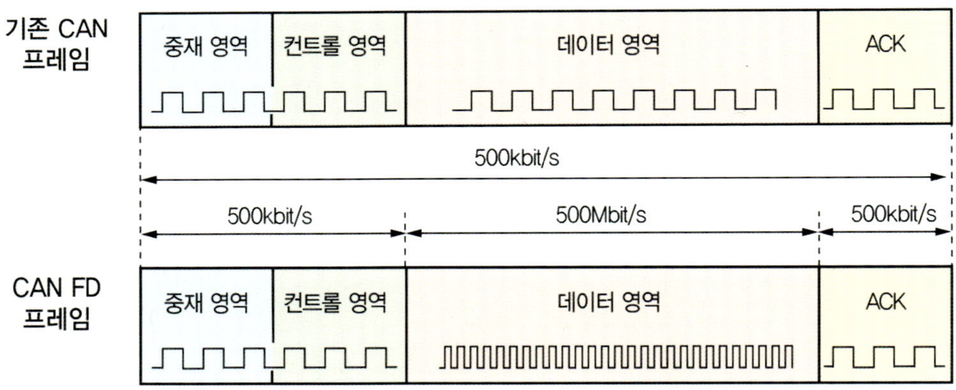

그림 3-7 CAN 통신과 CAN FD 통신 프레임 비교

참고 엔지니어 니즈 만족을 위한 TIP !

Q. CCP CAN은 어떤 네트워크에 사용되나요?

CCP는 CAN Calibration Protocol의 약자이며, 일반적인 High Speed CAN 통신과 동일한 사양에 적용됩니다.

CCP CAN은 차량 개발단계에서 파워트레인 제어기(ECM, TCM, HCU 등)의 상세 로직을 검증하기 위해 적용된 통신입니다. 근래에는 기본 목적 외에 차종에 따라 기존 네트워크의 통신 부하를 줄이기 위해 엔진(ECM) 및 변속기(TCM) 제어기를 기준으로 NOx 센서, PM 센서, DCT, SBW 등과 통신하는 용도로도 사용합니다.

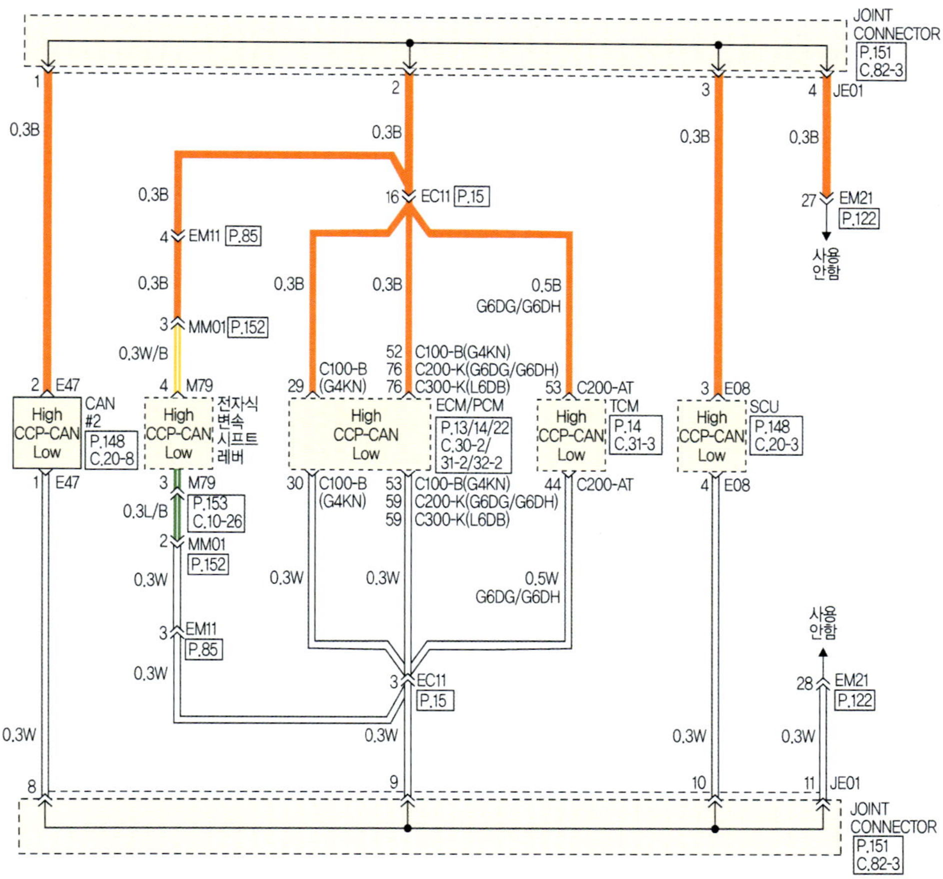

CCP CAN 네트워크_그랜저(IG) 2020년식

CCP CAN 통신 라인이 ECM과 TCM만 연결된 경우, 라인에 불량이 발생하더라도 DTC 및 이상 현상은 발생하지 않습니다. 만일 위 회로처럼 시스템 제어에 사용되는 센서 또는 액추에이터가 구성되는 경우에는 라인 불량 시 DTC가 발생합니다.(2018년 3월 기준)

참고 엔지니어 니즈 만족을 위한 TIP!

Q. FlexRay 통신은 언제 적용되나요? (지금 안씀, 가성비 ↓)

FlexRay 통신은 최대 10Mbit/s 속도의 초고속 통신입니다. 네트워크의 모든 제어기가 통신 주체인 '멀티 마스터(Multi Master)'이며, CAN 통신과는 다른 규칙에 따라 데이터를 전송합니다. 즉 메시지의 우선순위를 통해 데이터를 전송하는 방법이 아닌 정해진 시간에만 해당 메시지를 송신하는 방식(TTP: Time Triggered Protocol)을 사용합니다.

FlexRay 통신은 파워트레인 제어기(ECM, TCM)의 업그레이드를 목적으로 적용하였습니다. 제어 로직 용량 상승에 따라 기존 CAN 통신을 사용할 경우, 업그레이드 시간이 증가됩니다. 또한 업그레이드를 하는 동안에는 기존 CAN 네트워크에 구성된 제어기의 통신이 제한됩니다. 따라서 업그레이드 전용으로 적용된 통신이 바로 FlexRay입니다.

쏘나타(LF) 감마 1.6 T-GDI 7속 DCT 차량을 시작으로 일부 차종에 적용되었으나, 현재 양산 차종에는 적용되지 않습니다.

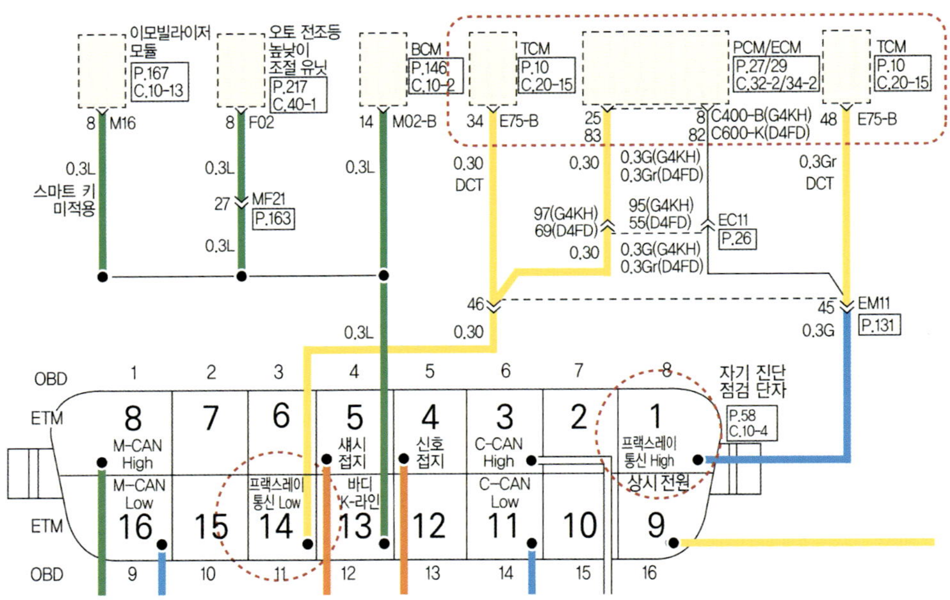

FlexRay 네트워크_쏘나타(LF) 2019년식

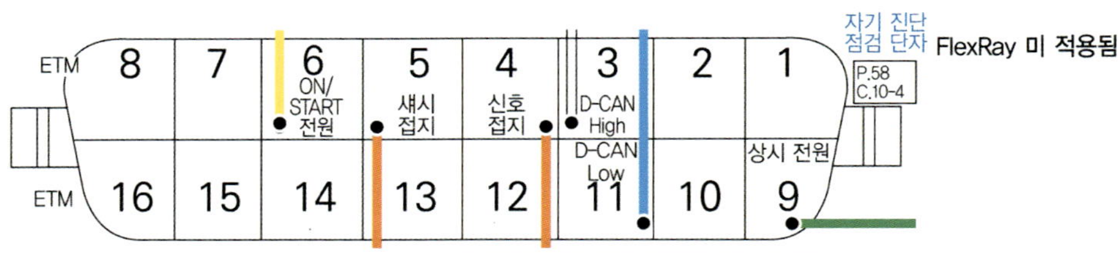

자기진단 커넥터_쏘나타(DN8) 2020년식

06 이더넷(Ethernet)

표준 번호	통신 속도	기준전압	적용 시스템
IEEE 100BASE-T1	• 100Mbit/s • 1Gbit/s	3진 신호 (+1V, 0V, -1V)	• 영상 정보(카메라, HUD 등) 전송 • 차량과 무선 모뎀 연결(헤드 유닛)

GV80에 최초로 적용된 이더넷은 대용량의 데이터를 고속으로 전송할 수 있다. 따라서 영상을 전송하는 시스템에 주로 적용된다.

이더넷의 데이터 전송 방법은 CAN 통신과는 다르다. 통신 라인의 '1'과 '0'을 만드는 전압은 1V 미만으로 전송되며, 3진 신호를 사용하기 때문에 CAN 통신과 같은 디지털 방식의 변화를 보이지 않는다. 또한 CAN 통신에서 전송되는 데이터는 데이터(ID) 기반인 반면 이더넷은 주소 기반 방식을 사용한다. 즉 주소 기반을 사용하는 이더넷은 데이터를 보낼 때 프레임 앞에 어떤 제어기가 데이터를 수신해야 하는지 명시된다. 정확한 데이터 전달을 하기 위해서는 데이터가 흐르는 라인을 지정해 주는 장치가 필요하다. 따라서 ESU(Ethernet Switching Unit)라는 유닛을 중앙에 두고, Star 결선 방식으로 각 제어기를 연결한다.

GV80에는 두 가지 속도의 이더넷 네트워크가 구성되어 있다. 첫 번째가 100Mbit/s를 사용하는 네트워크이다. 이 네트워크에는 카메라, 클러스터, HUD와 같이 영상을 촬영하거나 저해상도의 표시장치(디스플레이)로 구성된다. 두 번째 네트워크는 ESU와 AVN(헤드 유닛)이 1Gbit/s로 통신하는 네트워크이다. 각 카메라에서 전송된 신호가 ESU를 지나 AVN으로 전송되기 위해서는 150Mbit/s 이상의 속도가 필요하기 때문이며 ESU의 중계를 통해 데이터가 전송된다.

이더넷 네트워크는 마스터/슬레이브 제어기가 정해져 있다. 100Mbit/s를 사용하는 네트워크의 마스터는 ESU이며, 나머지 제어기는 슬레이브가 된다. 1Gbit/s를 사용하는 네트워크는 AVN이 마스터가 되고, ESU가 슬레이브가 된다. 최초 통신 시작은 마스터 제어기의 신호에 의해 이더넷 네트워크는 활성화된다. 각각 제어기에 정보를 요청하여 정상 여부를 판단한다.

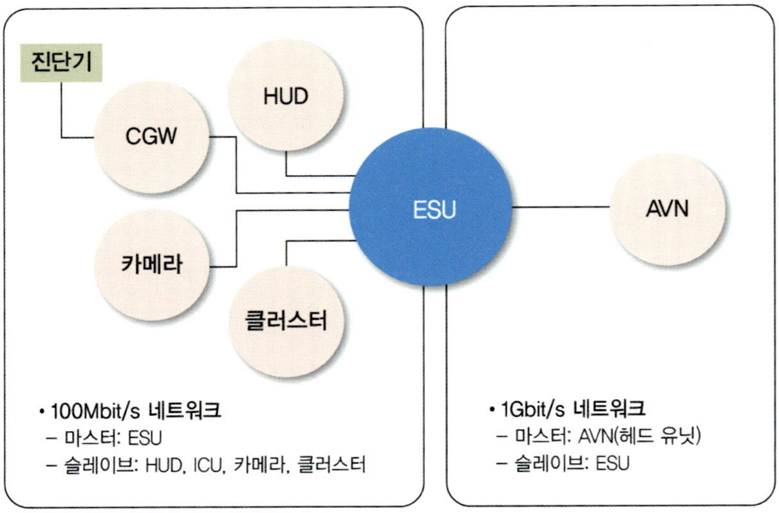

*** 이더넷 통신 특징**

- 주소 기반 데이터 전송
- 마스터/슬레이브 방식
- Star결선 네트워크
- ESU 추가
- 두 가지 통신 속도

그림 3-8 이더넷 통신 특징

07 통신방식 비교

현재 차량에 적용된 통신의 상세 내용은 다음과 같다.

구분	K-line	KWP 2000	LIN	FTLS CAN	HS CAN	CAN FD	Ethernet
표준	ISO 9141	ISO 14230	협회 표준	ISO 11898 -1, 3	ISO 11898 -2, 5	ISO 11898 (2015)	IEEE 100BASE-T1
통신 주체	마스터/슬레이브			멀티 마스터			마스터/슬레이브
통신 라인	1선			2선(High, Low로 구성)			
통신 속도 (차량)	4.8Kbit/s	10.4Kbit/s	20Kbit/s	100Kbit/s (최대 125Kbit/s)	500Kbit/s (최대 1Mbit/s)	2Mbit/s (최대 8Mbit/s)	•100Mbit/s •1Gbit/s
기준 전압	12V	12V	12V	0V/5V	2.5V		+1V, 0V, -1V
비트 타임	208μs	96μs	50μs	10μs	2μs	• 2μs • 500ns	
프레임 시간	14~8.7ms	6~12ms	최대 6ms	1.1~1.3ms	최대 222μs	최대 330μs	
적용 범위	•이모빌라이저 인증	•진단 장비 통신	•편의장치 •주차 거리 경보 시스템	•바디전장 •멀티미디어	•파워트레인 •섀시 제어 •바디전장	•파워트레인 •섀시 제어 •환경(E) 라인	영상전송
주요 특징	데이터 요구 후 응답		헤더 및 리리스판스로로 구성	통신 라인 고장 대응(1선)	통신 라인 고장에 민감	외부 잡음에 강함	초 고속 통신

참고 시간 단위 이해하기

1S(초-세크) = 1,000ms (밀리 세크)

1ms = 1,000면 (마이크로 세크)

1/μs = 1,000ns (나노 세크)

Ins = 1,000ps (피코 세크)

1ps = 1,000fs (펨토 세크)

예) CAN FD의 통신프레임의 비트 타임을 예로 들면,

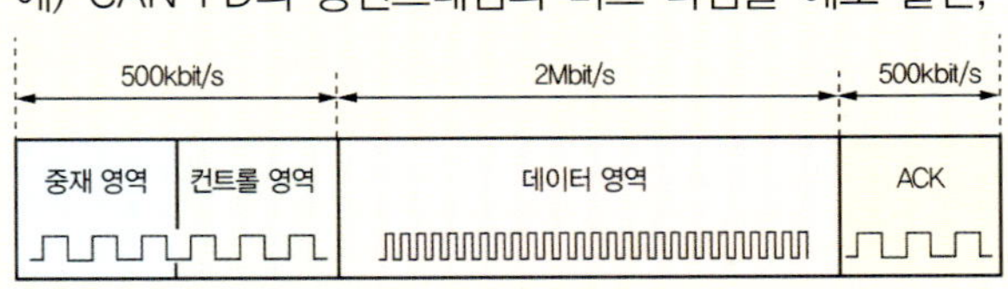

중재영역 및 컨트롤 영역은 2μ로 신호를 보내고 데이터 영역은 0.5μs(500ns)로 신호를 보낸다. 다시 ACK 영역 후단은 2μs로 신호를 보낸다.

CHAPTER

03 차량 통신 전송 방법

01 데이터 전송 방법

(1) 통신 파형의 의미

네트워크에 전송되는 통신을 점검하는 방법은 크게 두 가지로 나눌 수 있다.

첫 번째가 DTC 분석을 통해 현재 제어기 상태를 판단하고, 어떤 제어기가 통신을 하지 못하는지 진단하는 것이다. DTC 분석은 가장 쉽고 빠르게 진단할 수 있는 장점이 있다. 하지만 네트워크 전체에 불량이 있거나 진단 장비를 통해 DTC를 검색할 수 없는 상황에서는 더 이상 진단방법으로 선택할 수 없다. 두 번째 방법은 네트워크에서 버스(BUS)를 통해 전송되는 통신 파형을 직접 측정하여 네트워크 전체 상태를 판단하는 방법이다. 이 방법은 각 통신 종류별 측정되는 파형의 특징을 이해하고 측정 장비(오실로스코프) 활용 방법을 숙지해야 하는 단점이 있지만 DTC에 의존하지 않고, 현재 네트워크의 상태를 판단할 수 있다는 장점이 있다.

네트워크를 구성하는 제어기는 통신으로 정보를 공유하기 위해 정해진 전압 형태의 신호를 정해진 규칙에 따라 전송한다. 통신 파형 측정을 통해 정해진 규칙대로 네트워크에 통신을 시도하고 있는지, 아니면 알 수 없는 신호가 전송되면서 통신 불량이 발생하는지 판단할 수 있다. 단 현재 네트워크에 전송되는 파형이 의미하는 데이터 정보를 알 수 없다.

파형 측정을 통해 알 수 있는 내용은 아래와 같다.

알 수 있는 내용	알 수 없는 내용
• 통신 라인의 기준전압 상태 • '1'과 '0'의 변화 상태 • 통신 프레임 상태 • 라인의 단선, 단락 상태 • 통신 방식의 종류 파악	• 파형에 실려있는 데이터 정보 • 통신 불량 제어기 위치 • 과거에 발생됐던 고장 파악

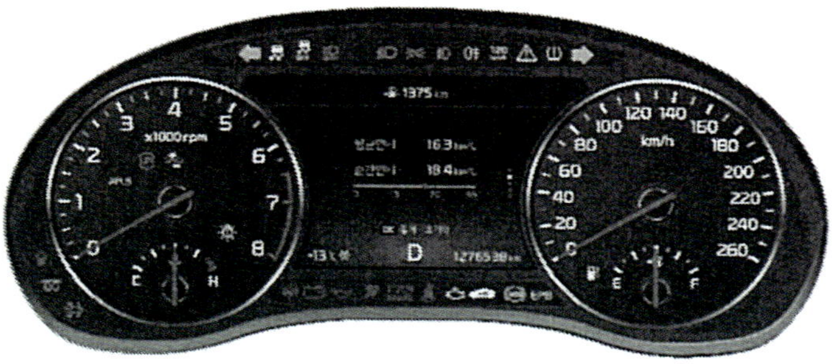

클러스터에 다수의 경고등이 점등될 경우 통신 네트워크 불량일 가능성이 높다. DTC 진단 이후 통신 파형측정을 통해 네트워크의 정상 유·무 판단이 중요하다.

1) 통신 파형이란?

파형의 사전적 의미는 '신호를 전달할 때 사용되는 파동의 생김새'이다. 즉 시간에 따른 전압의 변화를 표시하는 그래프이다. 제어기는 통신을 하기 위해서 서로 약속된 데이터의 의미를 전압의 변화('1' 또는 '0')에 담아 전달해야 한다. 따라서 모든 제어기는 통신 라인에 전압의 변화를 만드는 장치와 전압의 변화를 감지하는 장치가 적용된다.

바디전장 시스템 최초로 다이너스티 및 그랜저 XG에 적용된 직렬 통신인 MUX(Multiplex Communication) 통신을 통해 기본적인 통신 파형에 대해 알아보자.

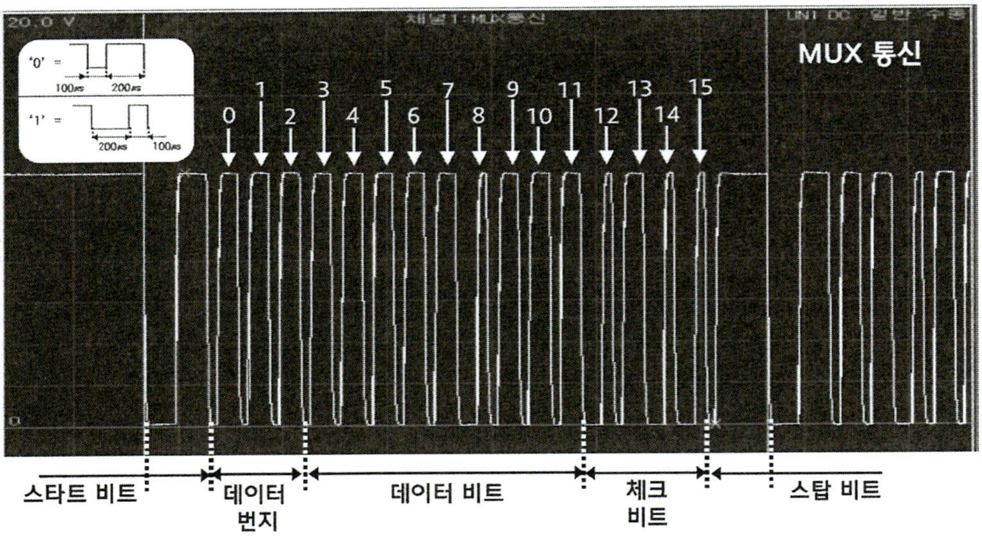

그림 3-9 직렬 MUX 통신 파형 사례

MUX 통신의 한 프레임은 스타트 비트(1bit), 데이터(16bit), 엔드 비트(1bit)로 구성된다. 직렬(시리얼) 통신은 반드시 시작과 끝을 알리는 신호가 적용된다. 데이터의 앞 3bit는 데이터를 전송하는 제어기 이름이며, 나머지 13bit는 어떤 신호를 보내는지 의미를 담고 있다.

구분	6번	7번	8번
OFF	0	0	0
수동 업	0	0	1
수동 다운	0	1	0
오토 업	1	0	1
오토 다운	1	1	0

위의 파형에서 '파형 윈도우' 동작 신호 위주로 살며 보면, 데이터 앞 3bit(0번, 1번, 2번)가 '000'이라는 것은 운전석 도어 모듈이 보내는 신호를 말한다. 나머지 13bit 중 윈도우에 관한 정보는 6번, 7번, 8번으로 전송되며 우측의 표와 같이 조합된다. 즉 위 파형은 운전석 도어 모듈이 보내는 신호이며(조수석 도어 모듈이 수신) 6번, 7번, 8번 신호가 '001'이므로 조수석 윈도우를 수동으로 올리라는 신호이다.

현재 자동차에 적용된 모든 시리얼 통신은 MUX와 유사하게 전압의 변화를 통해 '1'과 '0'을 표현하고, 표현된 여러 bit를 조합하여 약속된 데이터를 전송하는 것이다. 단 과거와 달리 데이터의 전송양이 월등히 많기 때문에 단순히 bit의 변화를 통해 데이터를 분석할 수 없다.

2) 파형을 어디서 측정하고, 무엇을 볼까?

(1) 파형 측정 위치

통신 파형 측정은 회로도를 참고하여 가장 접근하기 쉬운 위치에서 측정한다.

모든 통신 파형은 제어기와 제어기가 연결된 통신 라인 중 어느 부위를 측정하던지 동일해야 한다. 전기의 속도는 무시해도 될 만큼 빠른 속도이기 때문에 측정 부위에 따른 속도 지연은 무시해도 된다. 만일 측정 위치에 따라 파형의 크기가 변한다면 연결 커넥터의 접촉 불량, 또는 전원/접지에 대한 단락을 의심해야 한다. 아래 회로도를 참고하여 측정 위치를 확인한다.

[K-Line_그랜저(IG) 2020년식]

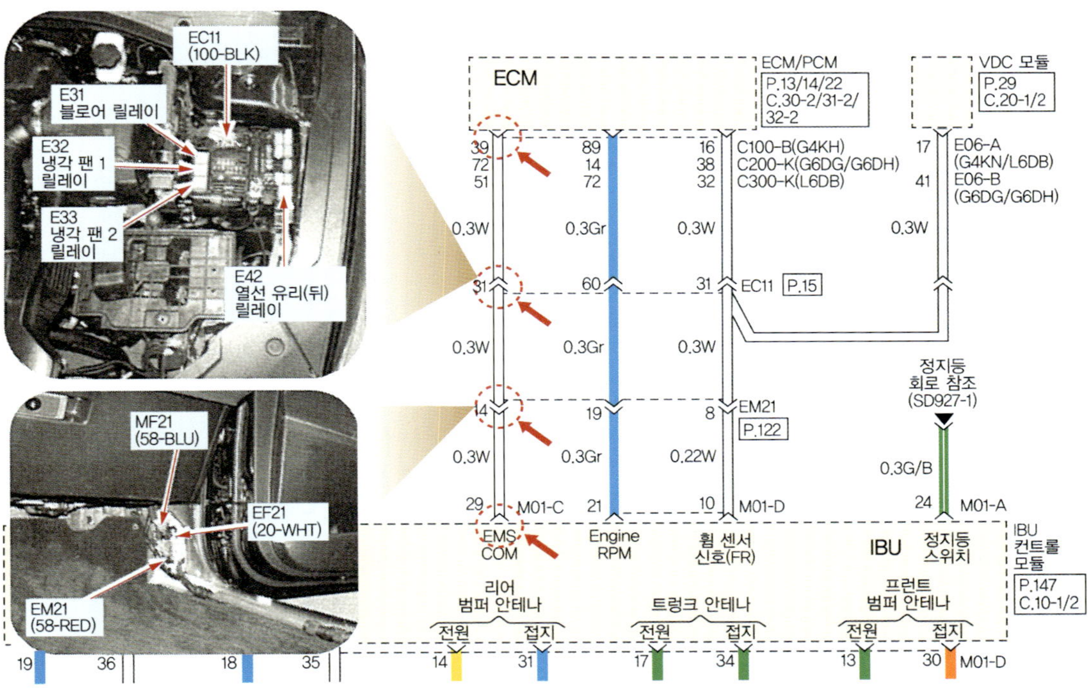

그림 3-10 이모빌라이저 인증 통신 회로

(2) 기본적인 파형 분석

통신 파형을 측정한 후 아래에 제시된 4가지 항목을 확인한다. 모든 항목이 정상이라면 통신 라인은 정상으로 판단한다.

첫째, 각 통신별 기준전압이 정상으로 측정되는지 확인한다.

통신 라인에는 항상 기준전압이 유지돼야 한다. 이 전압은 각 제어기 내부에서 출력되며, 데이터를 보내는 제어기는 전압의 변화를 통해('1' 또는 '0') 데이터를 전송한다. 반대로 데이터를 수신하는 제어기는 이 변화를 인식하여 데이터를 해석한다. 만일 기준전압이 측정되지 않는다면 제어기 불량을 의심할 수 있다. 단 마스터/슬레이브가 정해져 있는 통신(K-Line, LIN)의 경우, 마스터 제어기에서만 기준전압을 출력할 수도 있다.

둘째, 통신 파형이 '1'과 '0'으로 정확히 변하는지 확인한다.

기준전압이 12V인 통신 파형의 경우, '1' 신호는 기준전압을 유지하고, '1' 신호는 0V 근처를 유지해야 한다. 만일 전압 변화가 정확하지 않다면 네트워크에 구성된 제어기는 신호를 수신할 수 없다. 통신별로 '1'과 '0' 인식 전압은 다음 장을 참고한다.

셋째, 통신 프레임이 일정한 주기를 유지하는지 확인한다.

프레임은 통신 규격에서 약속대로 통신 시작, 데이터, 통신 종료가 항상 포함된다. 전송하는 데이터 크기에 따라 데이터 영역의 크기는 달라질 수 있다. 하지만 데이터 영역을 제외한 나머지 영역은 항상 동일한 내용이 전송되어야 한다. 시스템이 안정되어 있다면 통신 파형을 측정하는 동안 모든 프레임 시간은 큰 차이 없이 일정한 시간을 유지하며 데이터를 전송해야 한다. 만일 프레임 시간이 너무 짧거나 너무 길면 데이터의 오류로 판단한다. 단 데이터 전송 양이 적은 시스템의 경우, 프레임 시간이 매우 짧아질 수 있다. 이때에는 파형의 특징을 확인하여 통신의 상태를 판단한다.

넷째, 파형의 특징에 맞는 프레임이 측정되는지 확인한다.

각 통신의 특징을 찾는다. LIN 통신의 경우 프레임이 시작될 때 무조건 13bit가

'0'으로 유지된다. CAN의 경우 프레임 마지막에는 ACK(에크) 신호가 있어, 다른 bit보다 조금 더 큰 파형이 측정된다. 예를 들어 CAN FD의 경우 데이터 양에 따라 전체 프레임 시간이 달라진다. 이때에는 ACK 신호가 발생되는지 확인하여 프레임의 시작과 끝을 판단할 수 있다.

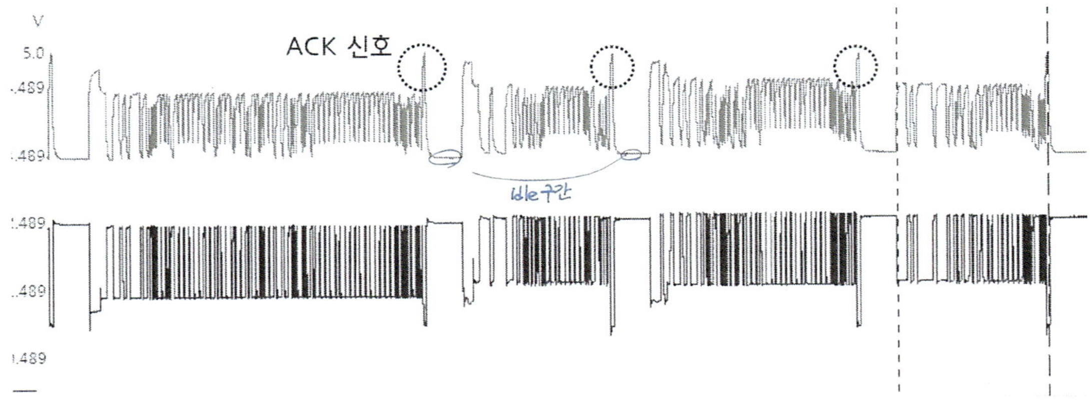

그림 3-11 CAN FD 파형 사례

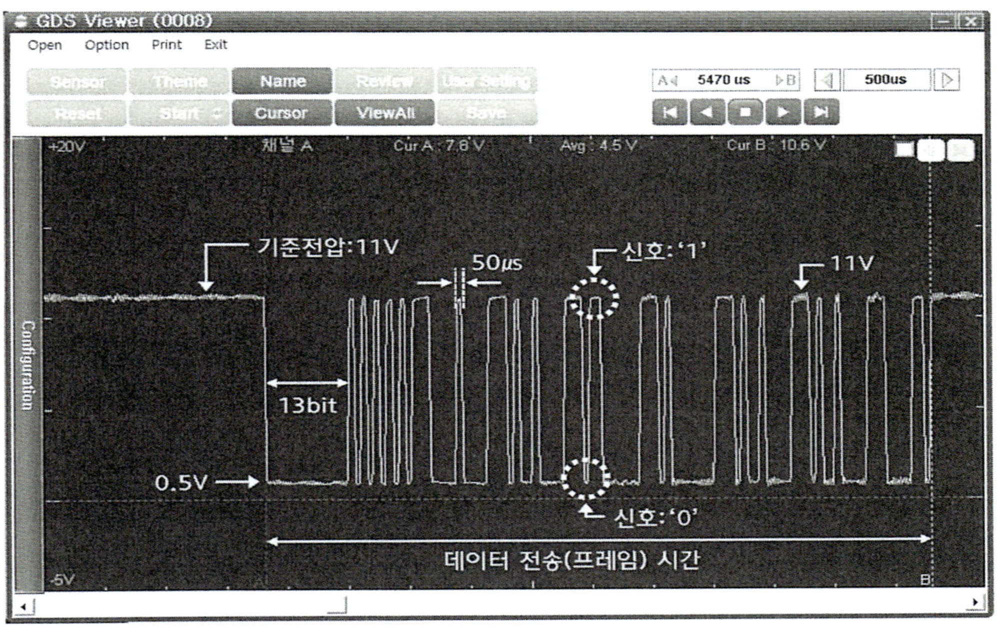

그림 3-12 LIN 통신 파형 사례

항목	상태	판정	
기준전압은 정상인가?	기준전압이 11V를 유지하고 있음	양	부
'1'과 '0'은 정확한가?	• '1': 기준전압과 동일한 11V까지 변함 • '0': 약 0.5V까지 하강함 • 하나의 bit 시간이 50㎲를 정확히 유지하며 변함 → 두 전압이 명확하게 변화를 유지함	양	부
통신 프레임 시간은 일정한가?	측정된 프레임의 시간이 약 5.4ms를 유지하고 있으며, 다음 프레임도 동일함	양	부
파형의 특징은 어디인가?	• LIN 파형의 특징인 13bit의 '동기화' 영역이 정확히 측정됨 • 헤더와 리스판스가 하나의 프레임을 구성함	양	부

참고 **통신별 전압 및 시간**

구분	K-line	KWP 2000	LIN	FTLS CAN	HS CAN	CAN FD
기준전압	12V	12V	12V	0V/5V	2.5V	
비트 타임	208㎲	96㎲	50㎲	10㎲	2㎲	• 2㎲ • 500ns
프레임 시간	14~8.7ms	6~2ms	최대 6ms	1.1~1.3ms	최대 222㎲	최대 330㎲

[2] 전송 라인

1) 통신 라인(BUS)

(1) 1선 통신 라인

통신 네트워크를 1선으로 구성하는 방식은 주로 저속 통신에 적용된다.

K-Line과 LIN 통신은 데이터 전송 속도는 느리지만 전송 오류도 낮은 통신이다. 통신 라인의 기준 전압은 12V를 유지하고 있으며 '0'으로 인식되는 전압이 약 3V 이하, '1'로 인식하는 전압이 약 9V 이상으로 전압 변화의 폭이 매우 크다. 이 경우,

가장 큰 장점은 큰 전압 폭의 변화로 인해 이 신호를 인식하는 트랜시버(제어기의 통신 송·수신을 담당하는 유닛)의 성능이 높지 않더라도 정상적인 통신이 가능하다. 또한 외부에서 전기적인 잡음(Noise)이 통신 라인에 유입되더라도 전압 폭에 큰 영향을 주기 어렵다. 단점으로는 '1'과 '0'으로 변하는 폭이 너무 커서 빠른 속도로 신호를 변화시키기 매우 어렵다. 1선을 사용하는 대다수의 통신 방식이 전송 속도가 느린 이유가 여기에 있다. 따라서 이런 방식은 데이터 전송 속도는 느리지만 안정된 통신이 필요한 요소에 사용된다.

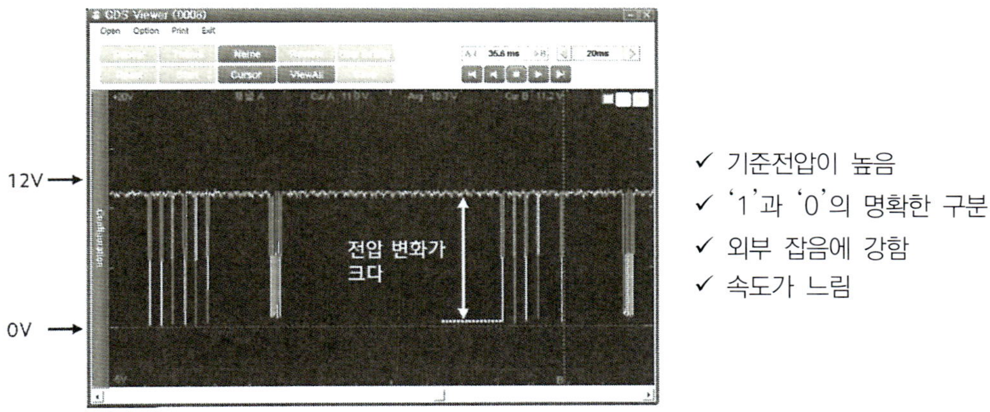

(a) K-Line 통신 파형

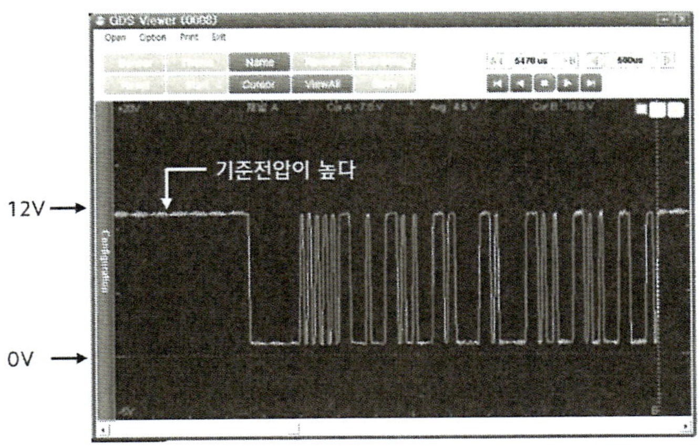

(b) LIN 통신 파형

그림 3-13 한선으로 통신을 하는 방식

(2) 2선 통신 라인

통신 네트워크를 2선으로 구성하는 방식은 주로 고속 통신에 적용된다.

CAN 통신은 비교적 고속으로 대용량의 데이터를 전송할 수 있는 통신이다. 통신 라인의 기준전압은 2.5V를 유지한다. 두 선은 CAN High와 CAN Low로 불리며, 동시에 서로 반대 방향으로 움직이며 '1'과 '0'의 신호를 만든다. 즉 기준전압 2.5V를 기준으로 CAN High는 3.5V로 올라가며 CAN Low는 1.5V로 떨어진다. 이 두 선의 차이를 인식하여 통신 라인에 신호를 만든다.

고속 통신의 전압 변화 폭이 작은 이유는 빠른 스위칭('1'과 '0'의 변화)을 하기 위해서는 변화하는 전압 폭이 작아야 하기 때문이다. 만일 CAN High로만 통신 라인을 구성한다면, 빠른 스위칭 동작은 할 수 있지만 전압의 변화는 약 1V 이내이기 때문에 변화폭이 매우 작다. 이는 신호를 수신하는 제어기(트랜시버)에서 명확하게 신호를 구분할 수 없게 한다. 따라서 서로 동시에 반대로 변하는 두 선으로 두고, 변하는 두 선의 차동 전압을 인식하는 것이다. 즉 동시에 전압이 변할 때 CAN High에서 CAN Low를 뺀 전압(3.5V−1.5V=2V)을 인식하여 보다 높은 전압 폭을 만들어 '1'과 '0'으로 판단한다.

CAN 통신과 같이 두 선으로 통신하는 라인은 쌍 꼬임선(Twisted Wire)으로 통신 라인을 구성한다. 이는 점화장치, 충전장치와 같은 차량의 전기적 잡음 및 외부 잡음에 대응하기 위한 방법이다. 이 경우, 통신 라인에 외부 잡음이 유입되더라도 두 선이 동시에 영향을 받기 때문에 최종적은 전압 변화는 동일하여 안정적인 통신을 할 수 있다.(스피커 연결 라인도 쌍 꼬임선 적용)

신호는 전압의 변화로 전달되므로 통신라인에는 전류가 흐르게 된다. CAN 통신의 경우 약 25mA의 전류가 흐른다. 이때 통신라인에는 전류에 의한 자기장이 발생된다. 두 라인을 쌍 꼬임으로 구성하면 두 라인에서 발생하는 자기장이 서로 상쇄되어 혼선을 발생시키는 것을 억제할 수 있다.

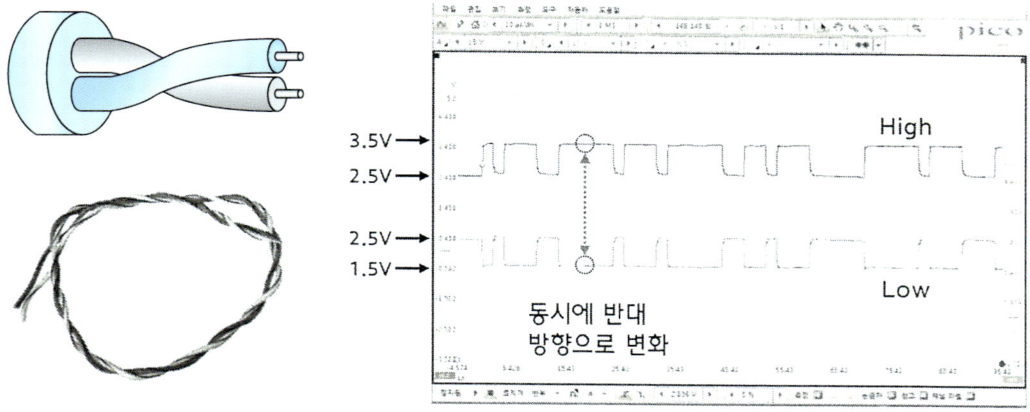

(a) 쌍 꼬임선 (b) CAN 파형

그림 3-14 쌍 꼬임선 및 HS-CAN 통신 파형 사례

2) 종단 저항(Terminating Resisters)

(1) 역할

CAN 통신 라인 양 끝단에는 고정 저항을 사용하여 종단 처리되어 있다.

그림 3-15를 보면, High Speed CAN High/Low 두 라인의 끝단을 120Ω으로 연결하였다. 이런 연결은 주로 고속으로 데이터를 전송하는 방식이나 높은 주파수를 사용하는 제어기 통신에 적용된다. 종단 저항 설치 목적은 크게 두 가지로 볼 수 있다.

첫째, BUS에 일정한 전류를 흐르게 한다.

만일 종단 저항이 설치되지 않으면 제어기가 BUS에 통신을 시도할 때 High/Low 두 라인은 단선이 되어 전류가 흐르지 못해 올바른 전압 레벨을 만들 수 없다.

[V = I × R] 공식에서 전류 I가 흐르지 못하면 발생되는 전압은 규정된 범위를 벗어나 BUS에서 잡음 및 오신호로 처리될 수밖에 없다.(전류가 0A일 경우, [V = 0 × R] 공식에 의해 저항에 관계없이 전압은 '0V'가 되므로 의미가 사라진다.) 종단 저항을 설치하면 High와 Low 사이가 연결된 회로로 변한다. 데이터 전송 시 High는 2.5V에서 3.5V로, Low는 2.5V에서 1.5V까지 전압이 변하면서 신호를 전송된다.

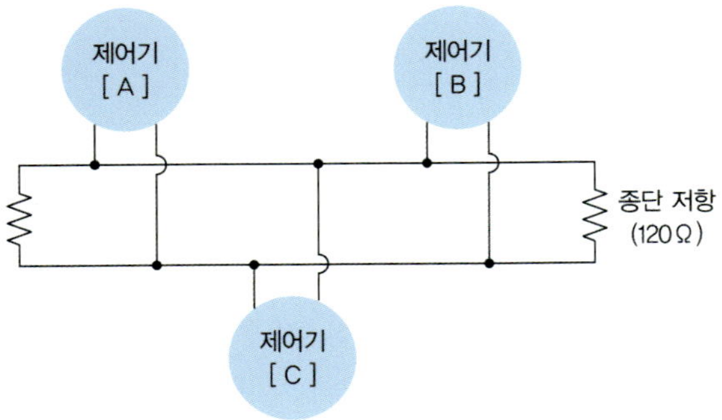

(a) 종단 저항 설치 사례

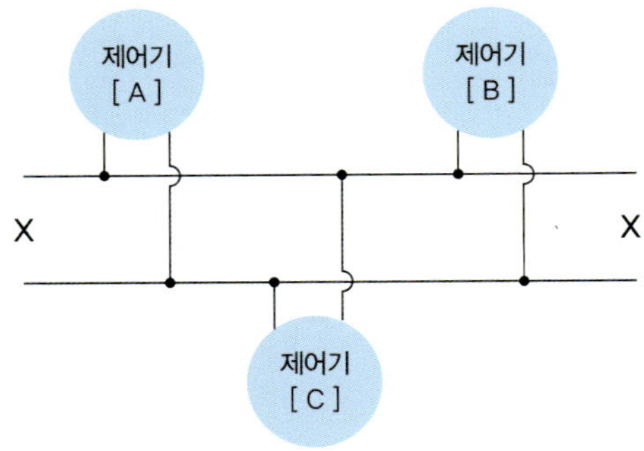

(b) 종단 저항 미 설치 사례

그림 3-15 종단 저항 구성 사례

즉 송신 제어기 High에서 발생된 전압은 BUS라인으로 흐르고 종단 저항을 통해 High 신호를 보냈던 송신 제어기의 Low 측으로 접지된다. 즉 종단 저항은 CAN High에서 Low로 전기의 흐름을 만드는 통로 역할을 한다.

둘째, BUS에 전파되는 신호가 양 끝단에 부딪쳐 반사되는 신호(반사파)를 감소시킨다.

물질은 파동(Wave)의 특성이 각기 다르다. 즉 물질마다 고유 진동 특성이 상이하여 신호를 전달하는 성질이 달라지게 되며, 이렇게 파동을 매개하는 물질을 '매질'이라 한다.

예를 들어 벽을 향해 소리지르면 공기를 통해 전달된 음파가 벽에 반사되어 잔향이 만들어지고, 소리는 반사되어 되돌아온다. 이는 공기와 벽의 매질이 달라 신호전달이 완벽하게 되지않아 일어나는 현상이다. 종단 저항이 없다면 BUS에 전달된 신호가 라인의 양 끝단에 도달하면 공기와 만나게 되고, 이때 도선과 공기의 매질이 틀려 반사파가 만들어진다.

이러한 반사파는 다시 BUS를 통해 전달되고 새롭게 전송되는 신호와 중첩되어 오신호를 발생시켜 통신 불량 또는 통신 지연을 유발하는 원인이 된다. 이러한 반사 현상을 해결하기 위해 BUS라인을 무한히 연결하면 반사파가 생기지 않지만, 차량에서는 약 30m 내외(고속 CAN 기준)의 통신 라인만이 허락되기 때문에 불가능하다.

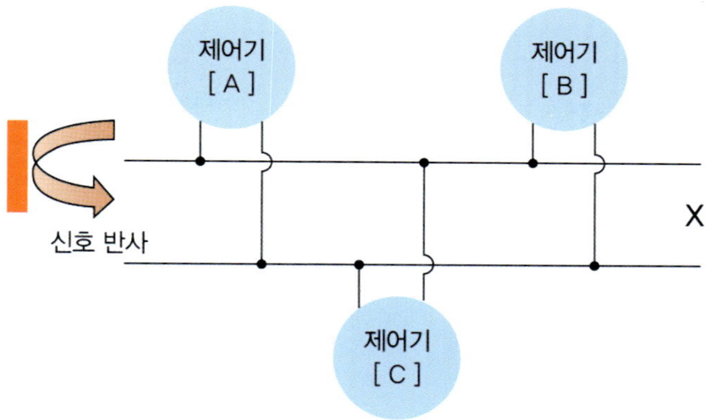

그림 3-16 통신라인의 신호 반사 사례

(2) 종단 저항 위치

1선으로 통신하는 K-Line/LIN 통신은 종단 저항이 제어기 내부에 내장되어 있다. 일반적으로 풀업(Pull Up) 저항이라 명명된 저항이 종단 저항 역할을 한다. 아래의 간단한 도식을 보면, 두 제어기는 통신 라인을 구성하고 저항을 통해 기준전압을 인가하고 있다. 제어기가 통신 라인으로 신호를 전송하기 위해 'TR'을 구동하면 저항을 통해 공급된 기준전압은 접지로 연결되어 0V로 떨어진다. 즉 제어기 내부 풀 업 저항이 종단 저항 역할을 한다.

FTLS CAN의 가장 큰 특징은 두 통신 라인 중 하나의 라인에 불량(단선, 단락)이 발생하더라도 통신을 유지한다는 것이다. 이 동작을 하기 위해서는 통신 라인의 전류 흐름이 High Speed CAN과는 다르게 흐른다. 통신 라인 양단이 아닌 네트워크를 구성하는 모든 제어기 내부, High/Low 라인에 각각 종단 저항이 내장된다. 마치 1선 통신 방식과 유사한 흐름으로 전압을 변화시킨다.

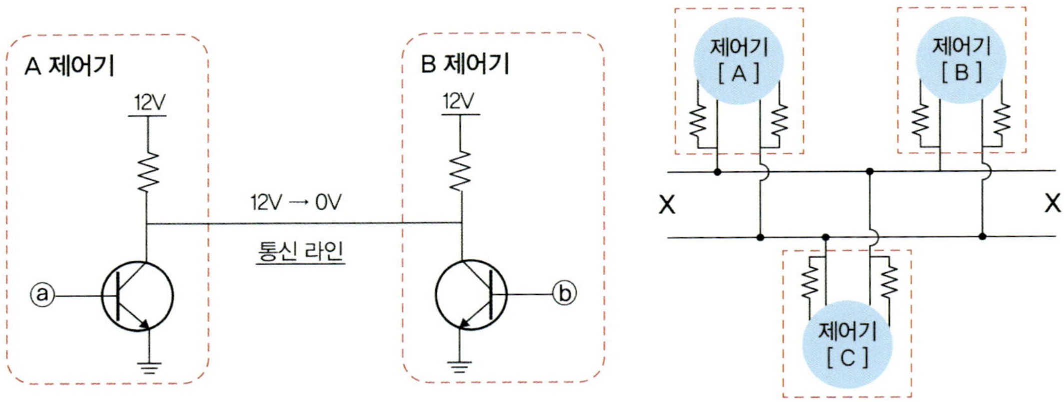

• 풀 업 저항 = 종단 저항

(a) 1선 통신 방식_K-Line/Lin

• 모든 제어기 내부에 종단 저항 적용

(b) FTLS CAN 통신 방식

그림 3-17 종단 저항 설치 사례

High Speed CAN의 경우 종단 저항은 주선의 양 끝에 적용된 제어기 내부에 적용된다. 차종에 따라 종단 저항 위치는 차이가 있다. 쏘나타(DN8_2019년 식)의 경우 아래 표와 같이 적용된다.

통신 명	P CAN	C CAN	B CAN	I CAN	D CAN	MM CAN
종단 저항 위치	• ICU • ECM	• ICU • 클러스터	• ICU • IBU	• ICU • AVN	• ICU(60Ω) 내부에 진단기 측정 인해도 측정 가능	모든 제어기 내부

■ 학습한 내용을 실습을 통해 확인해 보세요.

실습 1: 종단 저항 측정

Q 종단 저항을 측정하기 편리한 위치는 어디일까요?

✓ 전장 회로도를 참고하여 위치를 선택 후 아래에 기재해 보세요.

Q 종단 저항을 측정할 수 있는 위치와 측정된 수치를 아래에 기재해 보세요.

✓ 종단 저항을 측정하려면 배터리 전원을 차단해야 합니다.

구분	CAN 네트워크	측정값	판정	
종단 저항 측정값	P CAN	Ω	양	부
	C CAN	Ω	양	부
	B CAN	Ω	양	부
	I CAN	Ω	양	부
	MM CAN	Ω	양	부
	D CAN	Ω	양	부

Q 종단 저항 1ea를 제거한 후 측정된 수치와 진단 장비와의 통신 유무를 기재해 보세요.

✓ P CAN 네트워크의 ECM 커넥터를 탈거합니다.

CAN 네트워크	측정 값	측정 값		진단 통신 유무 (에어백, TCM 등)	
PCAN	Ω	양	부	양	부

실습 2: C-CAN 통신 파형 측정

Q C-CAN 통신 파형을 측정하기 편리한 위치는 어디일까요?

✓ 전장 회로도를 참고하여 위치를 선택한 후 아래에 기재해 보세요.

Q C-CAN 통신 파형의 C-CAH High와 C-CAN Low 통신 파형을 측정하고 수치를 기재해 보세요.

✓ C-CAN 통신 파형을 측정하려면 자동차 키가 On 상태에서 해야 합니다.

C-CAN High				C-CAN Low				접지
커넥터 번호	최대값	평균값	최소값	커넥터 번호	최대값	평균값	최소값	커넥터 번호

Q C-CAN 통신 파형의 C-CAH High와 C-CAN Low 통신 파형을 측정하고 사진을 첨부해 보세요.

✓ C-CAN 통신 파형을 측정하려면 자동차 키가 On 상태에서 해야 합니다.

C-CAN Low 오실로스코프 파형 사진	C-CAN High 오실로스코프 파형 사진
C-CAN Low 단자 연결 사진	**C-CAN High 단자 연결 사진**

실습 3: B-CAN 통신 파형 측정

Q B-CAN 통신 파형을 측정하기 편리한 위치는 어디일까요?

✓ 전장 회로도를 참고하여 위치를 선택한 후 아래에 기재해 보세요.

Q B-CAN 통신 파형의 B-CAH High와 B-CAN Low 통신 파형을 측정하고 수치를 기재해 보세요.

✓ B-CAN 통신 파형을 측정하려면 자동차 키가 On 상태에서 해야 합니다.

B-CAN High				B-CAN Low				접지
커넥터 번호	최대값	평균값	최소값	커넥터 번호	최대값	평균값	최소값	커넥터 번호

Q B-CAN 통신 파형의 B-CAH High와 B-CAN Low 통신 파형을 측정하고 사진을 첨부해 보세요.

✓ B-CAN 통신 파형을 측정하려면 자동차 키가 On 상태에서 해야 합니다.

B-CAN Low 오실로스코프 파형 사진	B-CAN High 오실로스코프 파형 사진
B-CAN Low 단자 연결 사진	**B-CAN High 단자 연결 사진**

(3) 통신 라인에 전압 변화(파형)가 만들어지는 과정(High Speed CAN 기준)

1) 통신 데이터 흐름

아래는 High Speed CAN 통신 방식용 기준으로 설명하였다.

하나의 데이터가 전송되기 위해서는 일반적으로 마이크로 컨트롤러 유닛(MCU), CAN 컨트롤러, CAN 트랜시버가 데이터의 구성(조합) 및 전송(또는 수신)을 담당한다. 제어기 내부에서 신호가 만들어지는 단계를 간략하게 설명하면 다음과 같다.

① 전송할 데이터를 마이크로컨트롤러 유닛에서 CAN 컨트롤러로 보낸다.('1' 또는 '0')

② 신호를 받은 CAN 컨트롤러는 약속된 규칙대로 '시작, 중재, 데이터, 오류 검출, 종료'순으로 완성된 프레임을 만들어 CAN 트랜시버로 보낸다.

③ 트랜시버는 입력받은 '1'과 '0'으로 구성된 통신 프레임에 따라 High/Low의 전압 신호를 변화시켜 통신 라인에 전송한다.

④ 데이터를 수신하는 제어기는 트랜시버에서 전압 변화를 인식하여 CAN 컨트롤러로 '1' 또는 '0' 신호를 보낸다. 컨트롤러는 신호를 순차적으로 조합하여 프레임의 정상 유 · 무를 판단한 후 데이터를 취득하여 마이크로컨트롤러 유닛으로 보내 제어에 활용한다.

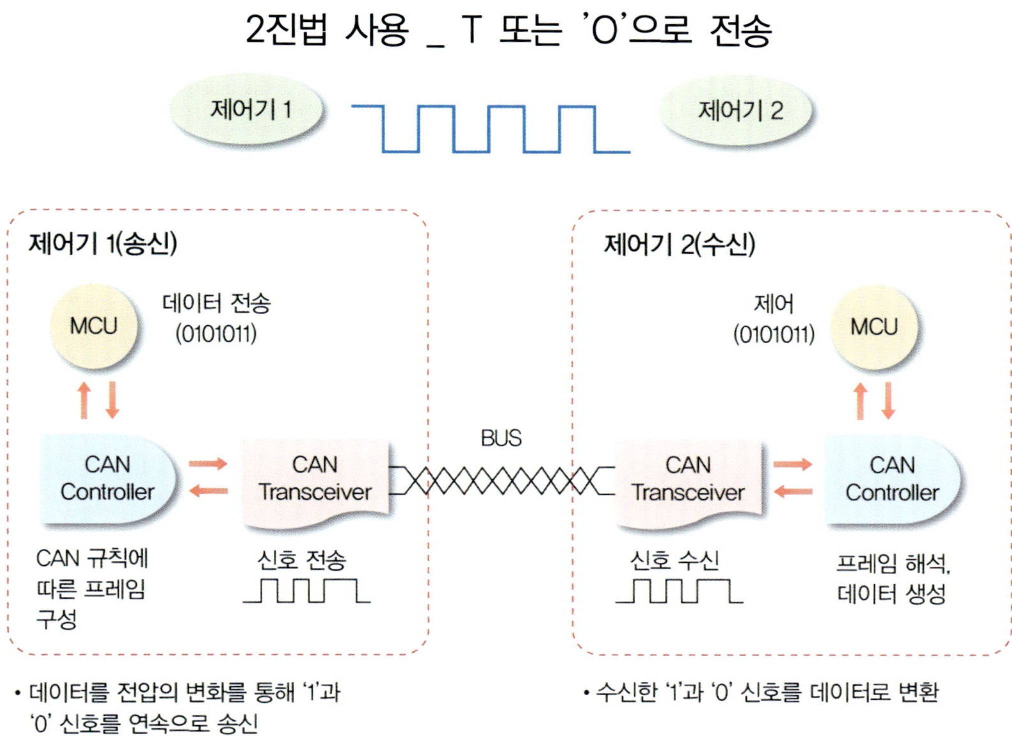

그림 3-18 데이터 전송 흐름도

항목	주요 역할
MCU (Micro Controller Unit)	• 제어기의 중앙처리 장치로, 제어기가 수행하는 기능을 종합적으로 제어하는 두뇌 • 전송할 데이터 및 수신된 데이터 관리
CAN 컨트롤러 (CAN Controller)	• 전송 및 수신되는 데이터를 CAN 규약(프로토콜)에 맞게 변환 및 해석하는 장치 • 전송 시: MC로부터 받은 데이터를 변환하여 트랜시버로 전송 • 수신 시: 트랜시버가 받은 데이터 프레임을 해석 후 MC로 전송 • BUS에서 발생되는 중재, 에러관리, 정보 식별(내 정보인지) 등을 관리한다. • 주로 MCU에 내장되어 있다.
CAN 트랜시버 (CAN Transceiver)	• 통신 라인의 전압 변화를 발생시키는 장치 • Transmitter(전송)와 Receiver(수신)합성어로 데이터 송·수신이 가능한 단말장치 • CAN 컨트롤러가 보내는 데이터 프레임 신호를 바탕으로 CAN BUS 기준전압과 '1'과 '0'의 전압 변화를 만들어 BUS에 전송한다. 또한 BUS상의 전압 레벨을 읽어 CAN 컨트롤러로 보낸다.

그림 3-19 통신 관련 제어기 역할

2) 통신 라인 전압 레벨

통신 라인에서 제어기 사이의 데이터 전송은 전압의 변화를 판단하여 송 · 수신된다. 각 통신 방식에 따른 트랜시버에서 만들어지는 '1(열성)과 '0'(우성) 전압 레벨은 아래 표를 참고한다.

<table>
<tr><th>구분</th><th>전압레벨(비트)</th><th>특징</th><th>우성 및 열성</th></tr>
<tr><td>High Speed CAN
&
CAN FD</td><td>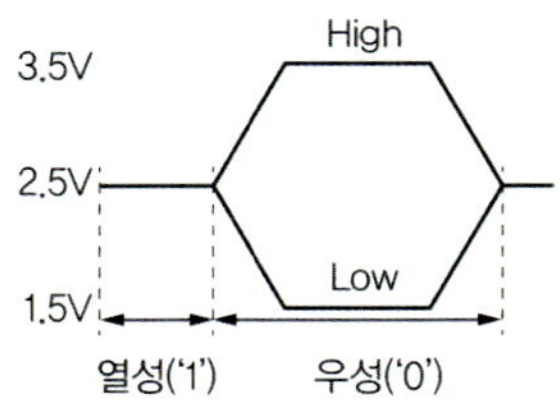
</td><td>• '1'과 '0'은 High/Low 두선의 전압 차이로 결정.
• High: 2.5V 기준으로 3.5V로 상승
• Low: 2.5V 기준으로 1.5V로 하강</td><td>두선의 전압차이가
• 0V: 열성('1')
• 2V 이상: 우성('0')
우성이 살아 남는다.</td></tr>
<tr><td>FTLS CAN</td><td>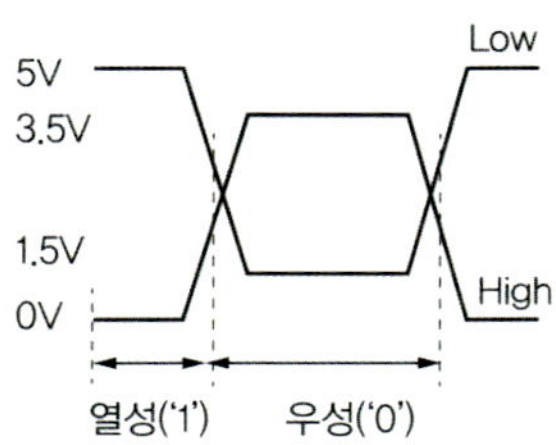
</td><td>• '1'과 '0'은 High/Low 두선의 전압 차이로 결정.
• High: 0V 기준으로 3.5V로 상승
• Low : 5V 기준으로 1.5V로 하강
• 고장 용인 기능 적용</td><td>두선의 전압차이가
• 5V: 열성('1')
• 2V 이하: 우성('0')</td></tr>
<tr><td>K-line
LIN</td><td>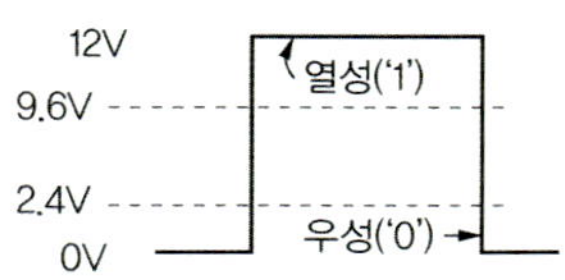
</td><td>• 0V에서 12V 사이의 디지털 출력</td><td>12V 기준으로
• 9.6V(80%) 이상: 열성('V)
• 2.4V(20%) 이하: 우성('O')</td></tr>
<tr><td>NRZ
코딩 법</td><td colspan="3">• NRZ 코딩 미 사용
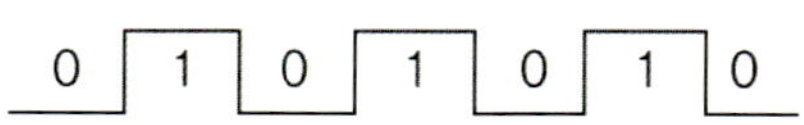

• NRZ 코딩 사용
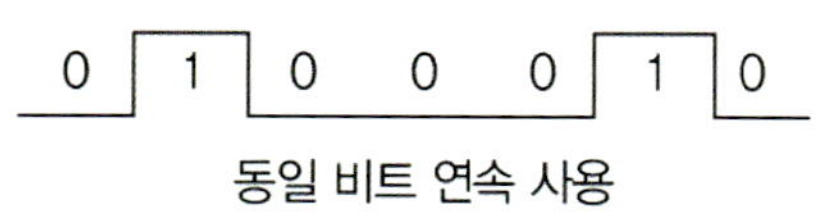

→ 트랜시버에서 만들어지는 신호(비트)는 NRZ 코딩 법을 사용하여 출력된다.</td></tr>
</table>

표의 '1' 및 '0' 전압은 각 1비트의 파형을 표시했으며, CAN 통신에서 High/Low 두 선은 항상 반전되는 형상으로 출력된다. 또한 전압 레벨을 출력할 때는 1, 0, 1, 0, 1 순으로 출력할 수도 있지만 데이터에 따라서 1, 0, 0, 0, 1이 출력될 수도 있다.

즉 NRZ(Non Return Zero)라는 코딩 방식이 적용되어 연속적으로 우성 또는 열성 신호를 출력하여 데이터를 전송할 수도 있다.

3) 트랜시버에서 전압으로 데이터가 출력되는 과정

데이터가 전압 레벨로 출력되는 과정은 High Speed CAN 기준으로 설명한다.

트랜시버 내부에는 '1'과 '0'의 전압 변화를 연속으로 출력할 수 있는 드라이버(Driver)와 통신 라인(BUS)의 신호를 수신하는 리시버(Receiver)로 나뉘어진다.

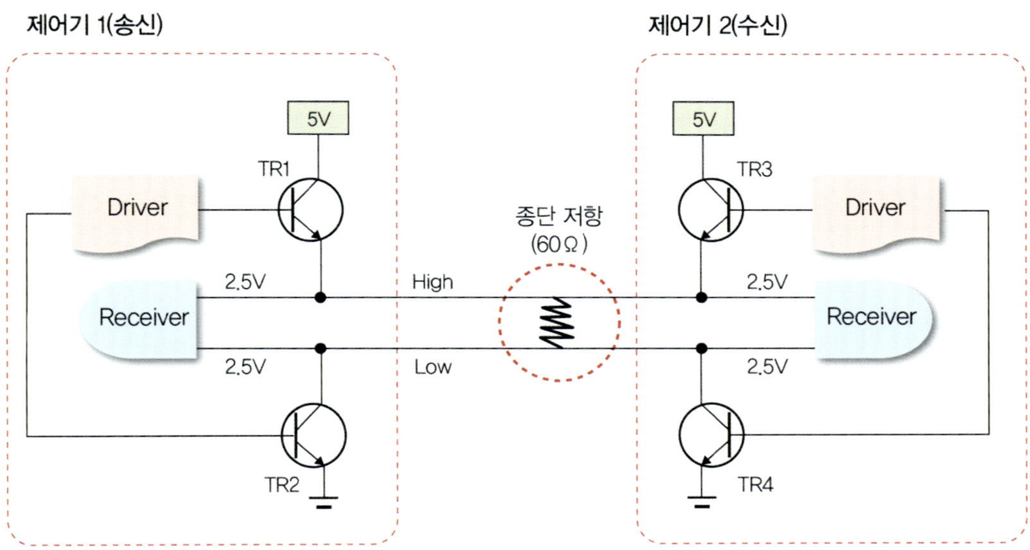

제어기 1 'Driver' 구동 → TR1, TR2 구동 → TR1에서 3.5V 전압 출력 → 종단 저항을 지나 TR2를 통해 접지 → 이때 전압 변화를 제어기 2의 Receiver가 감지 → 신호 전달

그림 3-20 CAN 트랜시버 내부 구성도

(1) 통신 라인(BUS) 기준전압

통신 라인에 아무 제어기도 데이터를 보내지 않는 Idle(휴식) 상태일 때에는 2.5V가 측정된다. 이 기준전압은 트랜시버 내부 회로에서 인가한다.

(2) '0'(우성) 신호 출력

우성 신호를 출력하기 위해 [제어기 1]은 드라이버를 구동하여 TR1과 TR2의 베이스를 공급하여 구동한다. TR 1과 2가 구동되면, High 라인에는 5V 전원이 TR1을 통해 통신 라인으로 공급되어 기준전압 2.5V가 약 3.5V로 상승한다. Low 라인 역시 TR2를 통해 2.5V 기준전압을 접지로 연결하여 약 1.5V까지 떨어트린다. 이때 High 라인에서 Low 라인으로 연결되는 회로가 종단 저항을 통해 만들어져 전기의 흐름이 생긴다. 따라서 전기 흐름과 각 요소에서 발생되는 전압 강하를 통해 High 라인은 3.5V를 유지하고, Low 라인은 1.5V를 유지한다. 전기의 흐름으로 발생한 두 선의 전압 차이가 2V가 되면 신호를 수신하는 제어기는 '0'(우성)신호로 인식한다.

(3) '1'(열성) 신호 출력

트랜시버 내부의 드라이버가 구동되지 않아 TR1과 2가 Off되면 통신 라인에는 트랜시버가 인가한 기준전압 2.5V가 유지된다. 두 선의 전압 차이가 발생하지 않으면 신호를 수신하는 제어기는 '1'(열성) 신호로 인식한다.

(4) 출력되는 전압 레벨 확인

드라이버가 TR을 구동하면 출력되는 전압은 통신 라인으로 전파되지만, 신호를 보내는 제어기의 리시버로도 동시에 입력된다. 신호를 보내는 제어기는 통신 라인으로 출력한 전압과 리시버에서 수신된 두 신호를 비교하여 드라이버가 보낸 신호가 정상으로 통신 라인에 전송되었는지 판단할 수 있다. 만일 통신 라인으로 보낸 신호와 리시버가 감지한 신호가 다르게 되면 에러(Error)로 판단하여 송신을 중단하고 에러 제어를 수행한다.

(5) 수신 제어기의 데이터 처리

통신 라인으로 신호를 받은 [제어기 2]는 리시버에서 수신된 신호 차동 회로를 통해 High와 Low의 전압 차이를 인식한다. 데이터를 송신하는 제어기에서 규정된 전압 레벨을 준수하여 전송한다면 두 라인의 전압 차이를 통해 '1'과'0'을 판단하여 순차적으로 CAN 컨트롤러로 보내 수신을 완료한다.

트랜시버는 이러한 과정을 반복하며 통신 라인에 '1'과'0'의 조합인 CAN 파형을 출력한다.

예를 들어 제어기가 보내는 데이터가 [통신 속도: 1 Kbit/s, 1프레임: 138bit]로 구성되었다면, 데이터를 완전하게 보내기 위해서는 드라이버가 최대 138번 On/Off를 반복해야 하며, 이러한 반복 행동을 1초에 1,000번 할 수 있는 것이다.

(6) 트랜시버의 Sleep 모드

IGN Off 또는 더 이상 통신을 하지 않을 경우, 트랜시버는 마이크로컨트롤러 유닛 신호에 의해 Sleep 모드로 진입한다. 트랜시버의 Sleep은 통신 라인의 Sleep을 의미한다. CAN 통신의 Sleep 전압은 아래 표를 참고한다.

<table>
<tr><th>통신명</th><th colspan="2">Sleep 시 전압</th><th>Wake Up 시 전압(Idle)</th></tr>
<tr><td rowspan="2">High Speed CAN</td><td>High</td><td rowspan="2">0V</td><td rowspan="2">2.5V</td></tr>
<tr><td>Low</td></tr>
<tr><td rowspan="2">FTLS CAN</td><td>High</td><td>0V</td><td>0V</td></tr>
<tr><td>Low</td><td>12V</td><td>5V</td></tr>
</table>

CHAPTER

04 차량 통신 시스템 구성

01 네트워크 계통도 이해

(1) 네트워크 계통도 이해

1) 네트워크 계통도란?

자동차에 적용된 많은 종류의 통신 및 네트워크는 복잡한 연결을 통해 구성된다. 일반적으로 전장 회로도를 참고하여 통신 라인을 하나하나 찾아가면 연결구조를 이해할 수 있다. 하지만 네트워크를 구성하는 다수의 제어기를 모두 찾아보는 방법은 매우 힘든 일이다.

네트워크 계통도는 복잡한 전장회로를 단순화하여 통신 네트워크별 독립된 회로를 만들고, 독립된 네트워크에서 주선을 기준으로 연결 순서에 따라 제어기 위치를 배열을 한 도식을 의미한다. 전장 회로도의 '자기진단 점검 단자'에서 제공되는 계통도는 네트워크를 점검할 수 있는 정밀지도이다.

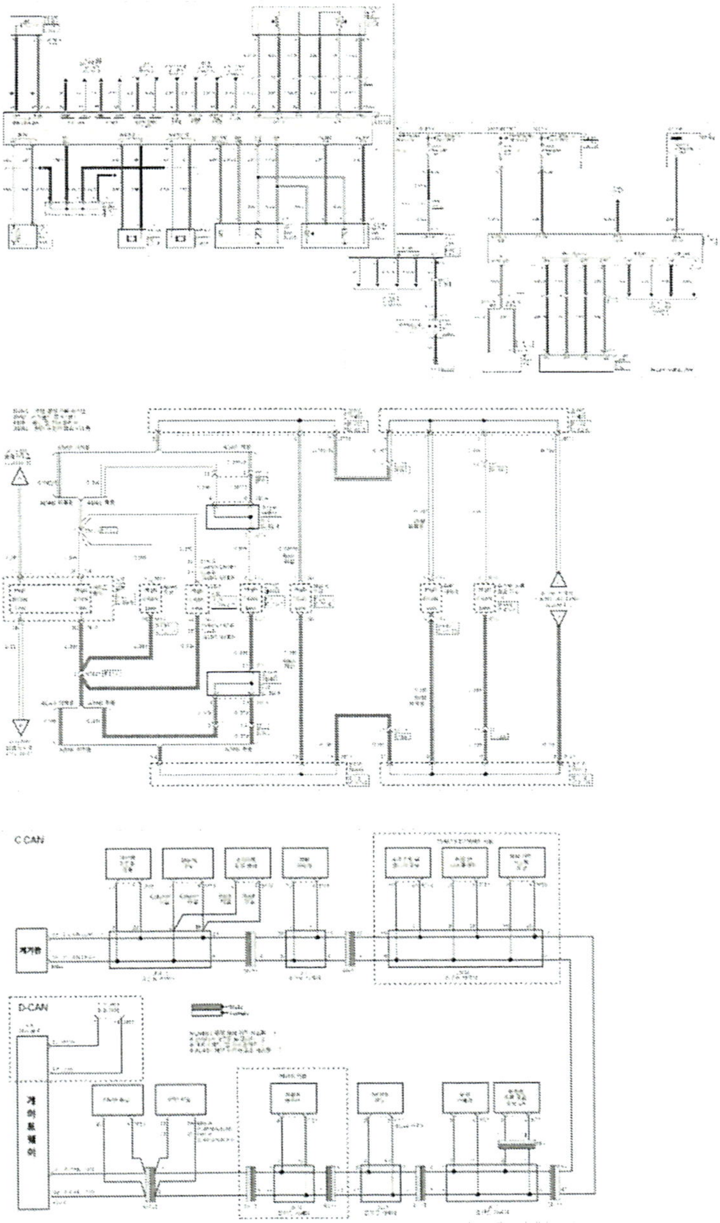

- **각 시스템 회로도**
  - 시스템별로 정리된 각각의 전장 회로도

다수의 회로도에서 동일한 통신 네트워크에 구성된 제어기만 압축

- **자기진단 점검 단자 회로**
  - 각각 독립적인 회로를 통신 연결을 기준으로 네트워크 종류별로 제어기 연결

제어기 배열 순서에 따라 정렬 &1 페이지로 표현

네트워크별로 제어기 연결 순서에 따라 한 페이지로 정리된 네트워크 계통도

그림 3-21 네트워크 계통도 사례

2) 네트워크 계통도 구성

네트워크 계통도에서 다음과 같은 정보를 확인할 수 있다.

① 네트워크의 주선과 지선

② BUS의 적용된 종단 저항의 위치

③ 종단 저항을 기준으로 연결된 제어기 배치

④ 주선에서 분기되는 지선의 연결 커넥터 정보

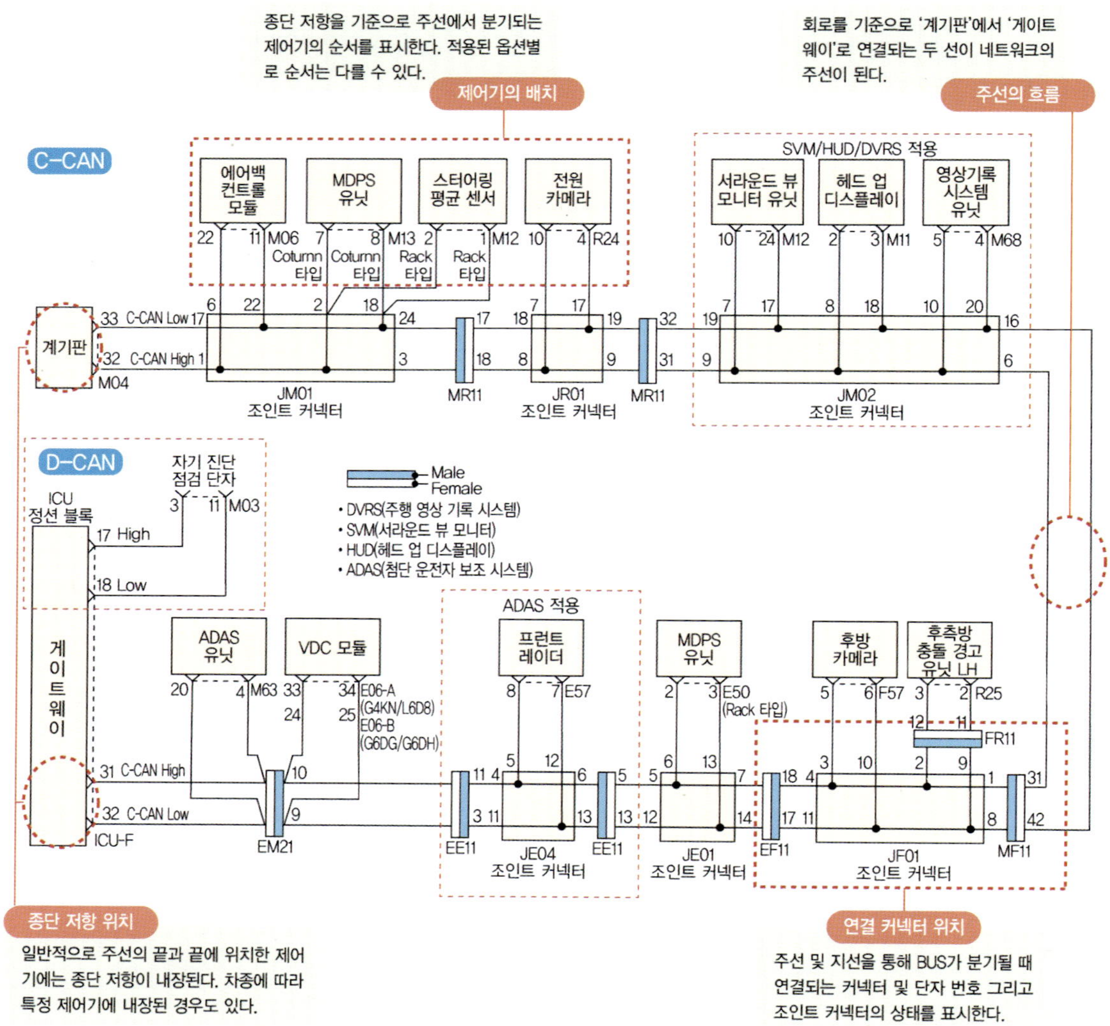

그림 3-22 네트워크 계통도를 통한 정보 수집 사례

(2) 네트워크 계통도 활용

1) 주선 점검

아래 계통도를 통해 활용방법을 알아본다.

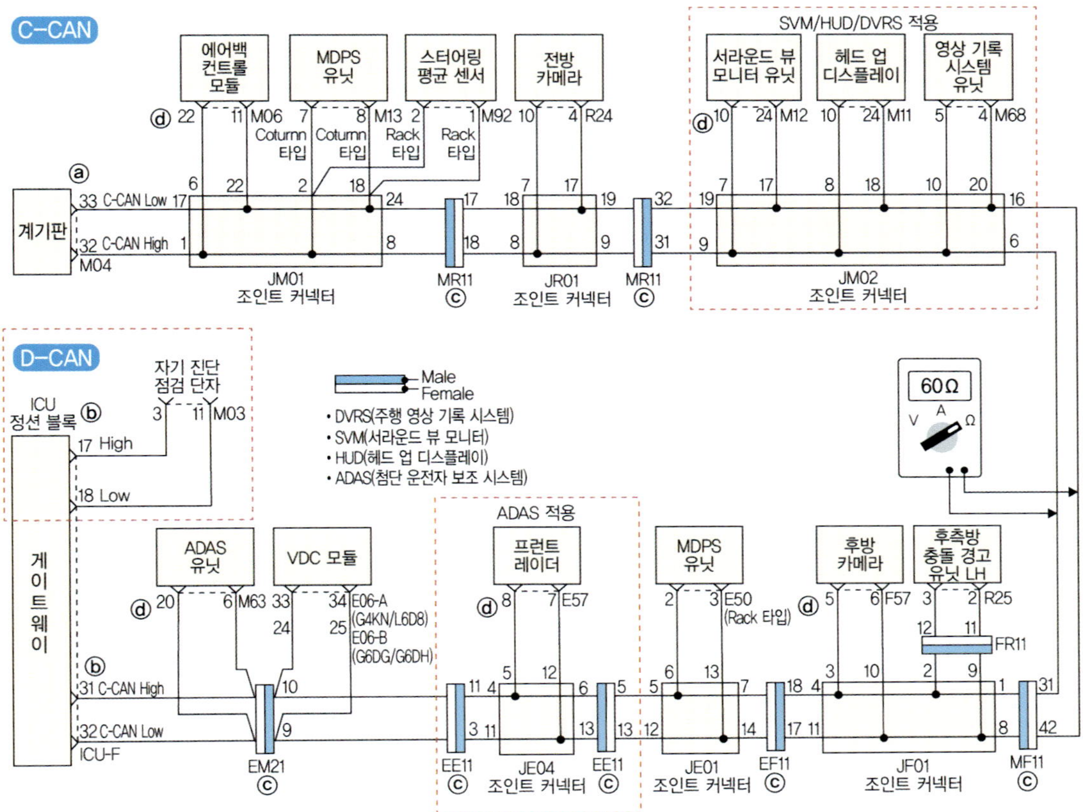

그림 3-23 2020년식 그랜저(IG) 자기진단 점검 단자 회로(C-CAN)

통신 라인의 주선을 점검하는 여러 가지 방법 중 가장 편리한 방법은 종단 저항을 측정하는 것이다.

종단 저항은 계기판과 게이트웨이 모듈에 내장되어 있다. 또한 두 종단 저항은 통신 라인으로 연결되어 있으므로 클러스터 ⓐ부위에서 출발하여 ⓑ까지는 하나의 라인으로 생각한다. 따라서 주선 어느 부위라도 High와 Low 라인 사이의 저항을 측정하면 60Ω이 측정된다. 만일 종단 저항이 120Ω으로 측정된다면, 주선의 High와 Low가 모두 단선됐거나, High 또는 Low 라인 중 한선이 단선됐다고 판단한다. 이때에는 계통도 중앙에 위치한 커넥터를 탈거하여 각각 암 커넥터와 수 커넥터에 연결된 주선의 두 라인을 측정한다. 만일 암 커넥터에는 120Ω이 측정되고, 수 커넥터에는 저항이 측정되지 않는다면 수 커넥터가 연결된 라인 쪽 단선을 의심한다. 이런 방법으로 종단 저항이 내장된 제어기(클러스터, 게이트웨이)부터 시작하여 ⓒ로 표시된 커넥터를 하나씩 탈거하면서 저항을 측정하여 주선의 단선된 부위를 찾을 수 있다.

지선이 단선될 경우, 종단 저항 측정값에는 영향을 미치지 않는다.

2) 지선 점검

주선이 정상으로 연결되어 있더라도 지선이 불량일 경우, 네트워크는 통신 불능에 빠질 수 있다. 만일 제어기로 연결되는 지선 High, Low가 모두 단선되었다면 해당 제어기만 통신을 하지 못하고 [XXX 제어기 응답 없음]이라는 DTC가 발생하겠지만 나머지 제어기는 정상적인 통신을 할 수 있다. 지선 두 라인 중 하나의 라인만 단선될 경우에는 단선된 제어기에서 톱날 모양의 파형이 연속 출력되어 정상적인 CAN 통신 파형을 왜곡시키기 때문에 통신이 되지 않을 수 있다. 2012년을 기준으로 이전 차량은 단선된 제어기가 속해있는 네트워크 전체가 통신 불량이 발생한다. 2012년 이후 신차는 통신은 가능하지만 통신 지연 및 불량이 연속으로 발생한다. 이는 통신을 인식하는 '트랜시버'의 차이 때문이다.

가장 편리한 방법은 진단 장비를 통해 불량이 의심되는 네트워크에 연결된 모든 제어기를 선택하여 '고장코드 전체검색'을 수행하는 것이다. 그림 3-24 우측 그림과 같이 네트워크의 대다수의 제어기는 정상적인 속도로 진단이 되지만 특정 제어기가 통신 불량이 걸린다면 그 제어기는 지선이 단선됐다고 판단한다. 또한 고장코드 전체 검색이 느리게 진행되거나, 검색을 할 때마다 통신 불량이 되는 제어기가 바뀐다면 지선 두 라인 중 하나의 라인이 단선됐다고 판단한다.

지선 불량이 의심된다면, 계통도의 ⓒ 위치에 있는 커넥터와 ⓓ 위치의 제어기 단품을 활용해야 한다. 게이트웨이 모듈을 시작으로 연결 커넥터를 순차적으로 탈거하여 '고장코드 자동검색'을 실시한다. 어떤 부위의 커넥터를 탈거하는 순간 그 위치까지 제어기의 코드 검색이 정상으로 진행된다면 그 커넥터 후단에서 문제가 발생한 것이다. 이후 ⓓ 부분의 제어기를 하나씩 탈거하며 상태를 확인한다.

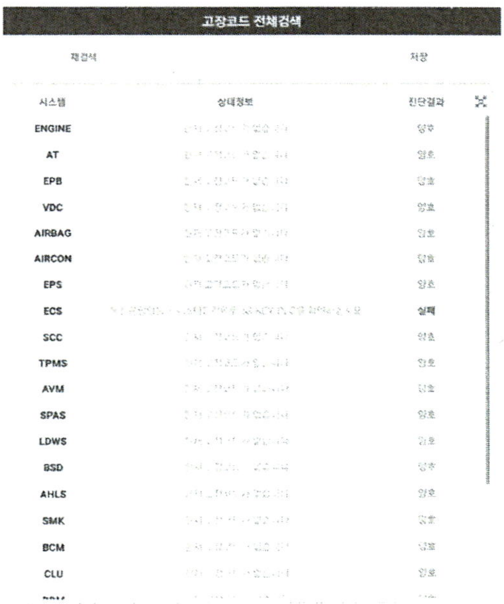

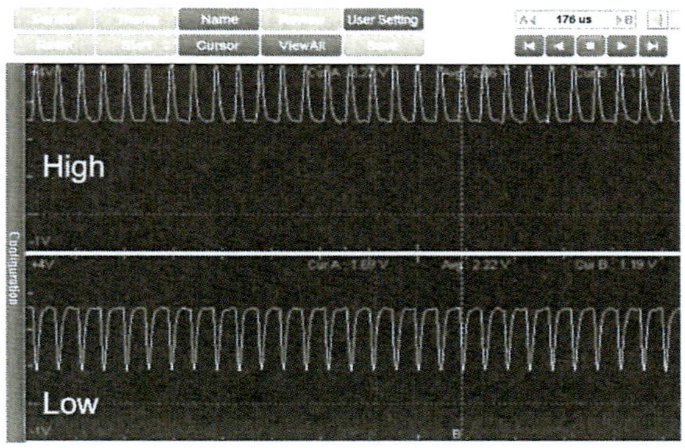

[지선 단선 시 제어기 단품이 보내는 CAN 파형]

그림 3-24 지선 단선 시 CAN 통신 파형 사례

3) BUS의 전원 또는 접지 단락

주선 및 지선은 종단 저항을 통해 연결되어 있기 때문에 하나의 라인이 불량하게 되면 다른 라인에도 영향을 준다. High 또는 Low 라인 중 어느 하나의 라인이 전원 또는 접지로 단락되면 네트워크 전체에 영향을 주어 더 이상 통신을 진행할 수 없다. BUS가 12V 또는 차체와 단락 되어 통신 불량이 된다고 판단되면 계통도의 ⓒ 위치에 있는 연결 커넥터를 활용한다. 가장 먼저 BUS 중앙에 위치한 연결 커넥터를 탈거하여 네트워크를 두 개로 분리한다. 이때 분리된 네트워크 한쪽에서 정상적인 CAN 통신 파형이 출력된다면 반대쪽 네트워크의 불량을 의심한다. 다시 커넥터를 연결한 후 불량이 의심되는 부위의 다른 커넥터를 탈거하여 통신 파형의 정상 유무를 판단한다. 이런 방법으로 점점 범위를 좁혀가며 고장 부위를 찾을 수 있다.

2012년 이후 신차는 Low 라인이 접지에 단락되더라도 정상적인 통신을 할 수 있다.

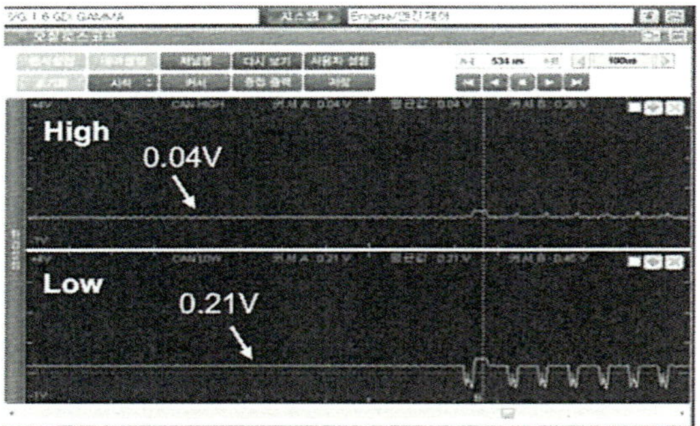

접지 단락 시 파형

두 선 중 하나라도 접지로 단락되면 종단 저항을 통해 2.5V 기준전압이 모두 접지로 흘러 더 이상 전압 변화가 생기지 않아 통신이 되지 않는다.

* 전압이 더 낮은 라인이 접지와 단락된 라인임.

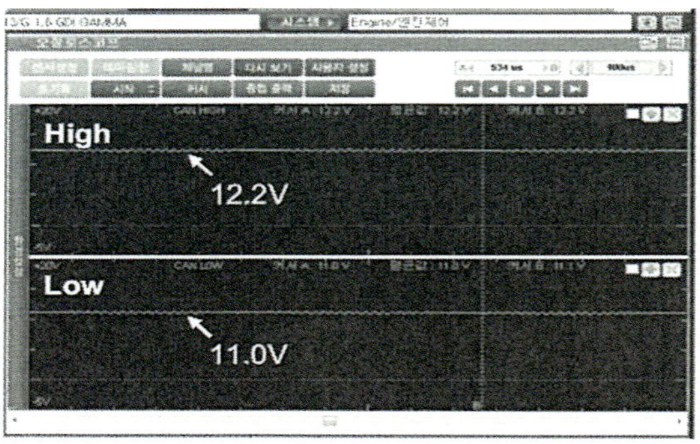

전원 단락 시 파형

두 선 중 하나라도 전원으로 단락되면 종단 저항을 통해 모두 단락된 전원 전압이 측정된다. 기준전압(2.5V)은 전원에 포함되기 때문에 신호 전송이 되지 않아 통신 불량이 된다.

* 전압이 더 높은 라인이 전원과 단락된 라인임.

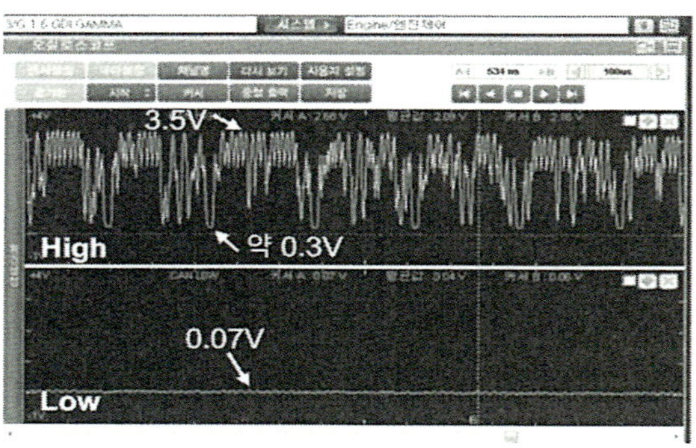

Low 라인 접지 단락 시 파형

Low 라인이 접지로 단락되면 High 라인의 전압이 약 0V로 내려오지만 CAN 파형은 출력된다. 이때 변하는 신호를 인식하여 통신이 가능하다. 하지만 정상적인 통신은 아니기 때문에 주의해야 한다.

그림 3-25 통신 고장 시 파형 사례

02 네트워크의 송·수신 메시지(CAN 통신 기준)

(1) 메시지와 신호의 의미 이해

CAN BUS 상에 데이터를 전송한다는 것은 제어기에서 메시지(Message)를 BUS에 송신하는 것이다. 메시지는 제어기에서 보내는 데이터들로 조합된 일종의 패키지이다. 제어기는 이러한 메시지의 단위로 데이터를 주고받는 것이다. 하나의 메시지 크기는 최대 64Byte(CAN FD 기준)이며 이 메시지 안에 여러 가지 신호를 포함한다. 이 단위를 신호라고 한다.

ECM에서 전송하는 메시지는 EMS 메시지라고 하여 EMS 1, EMS 2의 형태로 송신한다. 자동변속기는 TCU 1, TCU 2이며 ESC는 VDC 1, VDC 2의 형태로 메시지가 정의된다. 통신 파형을 보면 프레임 시간이 조금씩 다르게 측정된다. 이는 각 제어기에서 송신하는 데이터의 양에 따라 전송되는 메시지의 수가 달라지기 때문이다.

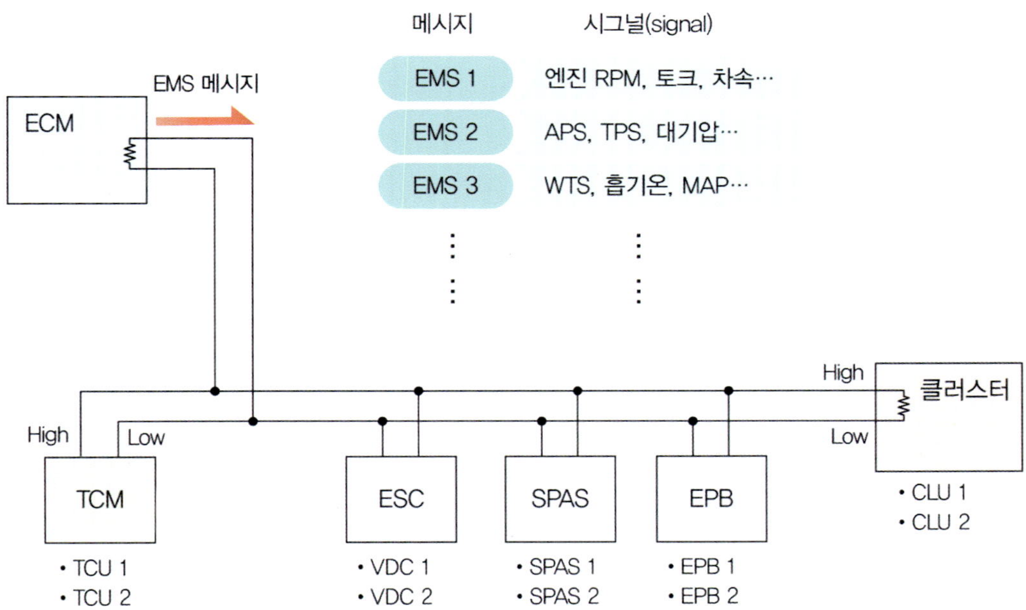

그림 3-26 P-CAN 메시지 송신 사례

메시지 하나에는 여러 개의 신호가 포함되어 있는데 위 그림에서의 예를 들면, EMS1 메시지는 곧 엔진 RPM, 엔진 토크, 차속을 포함한 엔진 ECM의 주요 데이터들로 묶인 하나의 단위라고 볼 수 있다. 이와 마찬가지로 EMS 2, EMS 3~EMS 10 등 여러 개의 메시지가 있으며, 이러한 메시지 내의 신호들을 문자 그대로 신호(Signal)이라고 표현한다. 신호는 작게는 1bit에서부터 많게는 수십 bit까지 신호의 크기에 따라 bit수가 정해진다. 예를 들어 스위치 신호는 On/Off이기 때문에 1bit이며 TPS와 같이 90°의 각도를 수치로 처리해야 하는 경우 90개의 값이 있어야 하기 때문에 7bit가 필요하게 된다.

〔2〕 메시지와 신호 구조 및 전송

1) 메시지와 신호 구조

아래는 1995년에 제작된 제어기 간의 고속 CAN 사양 가운데 EMS 3 메시지 예이다. 네트워크를 관리 또는 제어하기 위한 메시지와 신호의 이해를 위한 참고로 활용한다.

엔진제어기인 ECM에서 CAN BUS로 송신하는 메시지로 이름은 'EMS 3'이며 이 메시지를 필요로 하는 제어기에서 식별하기 위한 식별자(고유번호), 즉 ID는 '028H'이다. EMS 3 메시지 안에는 14개의 신호를 포함하고 있다. Signal Label 부분이 각각의 신호 명칭이며 이 가운데에는 MAF(흡입공기량), TIA(흡기 온도), MAP(흡기매니폴드압력) 신호가 포함되어 있는 것을 알 수 있다. MAF, TIA, MAP 값은 수시로 변하는 물리적인 값이기 때문에 bit 수를 많이 차지한다(8bit). 하지만 다른 값들은 On/OFF 또는 단순 상태를 나타내는 값들로 1bit인 것을 알 수 있다.

네트워크의 데이터 전송은 아래와 같은 DB(Data Base)를 기준으로 충돌없이 전송될 수 있다. 현재 DB는 더욱 복잡한 제어를 수행할 수 있도록 정리되었으며, 차량을 설계하는 가장 중요한 자산이기 때문에 외부로 유통되지 않는다.

✓ 메시지: EMS3

✓ ID: 0280H

Message: EMS3	Identifier: 0280H

Signal label	Signal designation	Bit add	Bit ind	Init value	Error ident.
LV_FUEL_TYPE_ECU	Active fuel type in gasoline ECU	0	1	00H	-
LV_BFS_CFIRM	Bi-Fuel switch confirmation	1	1	00H	-
LV_CRASH	Bit for Crash detection	2	1	00H	-
LV_VB_OFF_ACT	Baterry off detection	3	1	00H	
LV_GSL_MAP	Indication of AMP or MAP	4	1	00H	-
LV_ENG_TURN	Information Bit for First Engine Turning detected	5	1	00H	01H
Reserved	Reserved for digital flags	6	2	00H	-
ERR_FUEL	Errors in the gasoline ECU	8	8	00H	-
EOS	Engine operating status	16	8	00H	
TCO	Coolant temperature	24	8	00H	FFH
N_32	Engine speed (32RPM resolution)	32	8	00H	-
MAF	Mass air flow	40	8	00H	
TIA	Induction air temperature	48	8	00H	FFH
AMP/MAP	Ambient pressure / Manifold Apsolute Pressure	56	8	00H	-/FFH

✓ 시그널 항목

✓ 시그널 설명

✓ 시그널 위치와 크기(bit)

그림 3-27 EMS 3 메시지 구조 사례

2) 메시지 전송 방법

네트워크에 구성된 모든 제어기는 필요한 정보를 BUS를 통해 서로 공유한다. 전송 및 공유된 데이터는 프레임 앞부분의 ID를 확인한 후 데이터가 필요한 제어기는 즉시 수신하게 된다.

■ 데이터 전송 순서

① ECM에서는 'EMS 3'이라는 메시지를 CAN BUS에 송신한다.

② 이 메시지의 ID는 '0280H'이며 하나의 메시지 안에 다수의 신호를 포함하고 있다.

③ BUS에 연결된 제어기는 통신 시작과 동시에 BUS의 전압 변화('1' 또는 '0')를 확인한다.

④ 수신하는 제어기는 중재 영역의 ID를 확인하여 수신할 데이터인지 아니면 무시할 데이터인지 판단한다.

⑤ ID 확인 후 수신할 데이터로 판단된 모든 제어기는 동시에 전압 변화를 인식하여 데이터를 수신한다.

⑥ 데이터 전송 중 에러를 감지하는 모든 제어기는 '에러 플레그'를 전송하여 데이터를 파괴한다.

⑦ 수신을 완료하면 데이터 검증(CRC)한 후 'ACK' 신호를 보내 송신 데이터가 정상으로 전송되었음을 알려준다.

⑧ ECM(데이터 전송 제어기)은 전송이 정상으로 끝났다고 판단한다.

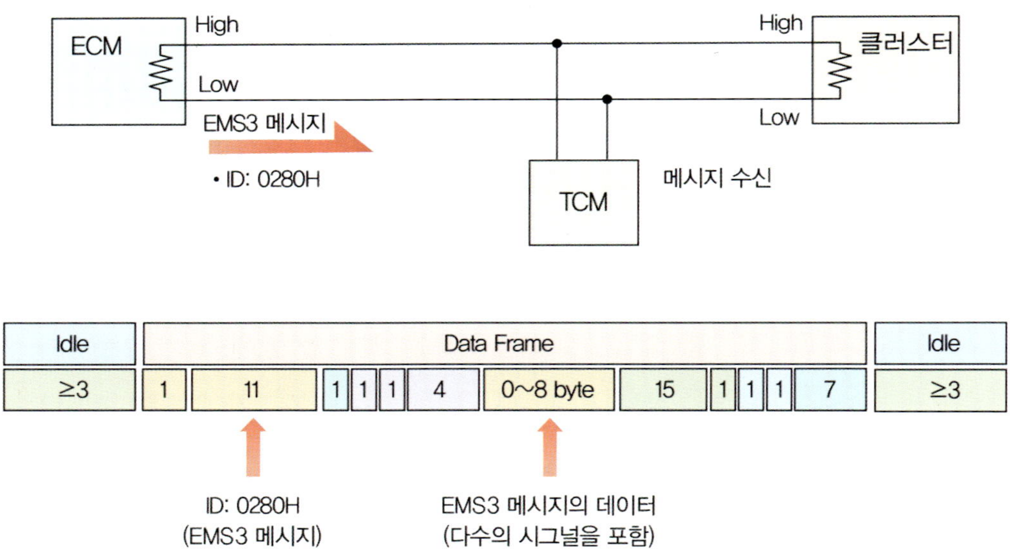

그림 3-28 CAN 메시지 전송 사례

CHAPTER

05 차량 통신 시스템 에러 관리

01 네트워크 에러(Error) 관리

[1] 에러(Error) 관리

1) 에러 관리 목적 및 범위

BUS에서 데이터 송 · 수신을 하면서 지속적으로 에러를 발생시키는 특정 제어기가 네트워크에 영향을 주지 못하도록 통신 중 에러 발생 시 카운트(Count)하여 네트워크로부터 분리시키기 위해 에러 관리를 수행한다.

에러 관리 범위는 잘못된 제어기를 네트워크에서 단절(BUS Off)시키는 것과 수신되는 에러 데이터를 네트워크에 구성된 다른 제어기에 알리는 방법으로 나눌 수 있다. 먼저 지속적으로 데이터를 잘못 보내는 제어기는 스스로 에러를 판단하여 네트워크에서 이탈된다. 또한 잘못된 데이터를 수신한 제어기는 즉시 이를 다른 제어기에 알려 데이터를 사용하지 못하도록 한다. 즉 에러 관리는 데이터 처리를 제대로 하지 못하는 제어기를 네트워크로부터 단절시켜(BUS Off) 원활한 통신이 이루어지도록 프로토콜에서 지원하는 기본적인 통신 방식에 대한 진단이다.

2) 데이터 송신 에러

제어기가 BUS로 데이터를 송신할 수 없을 경우, BUS Off라는 DTC가 발생한다. 또한 데이터를 정상으로 수신하지 못하면 그에 해당하는 DTC가 발생한다. 이런 DTC는 아래와 같은 에러 상태 다이아그램에 의해 생성된다.

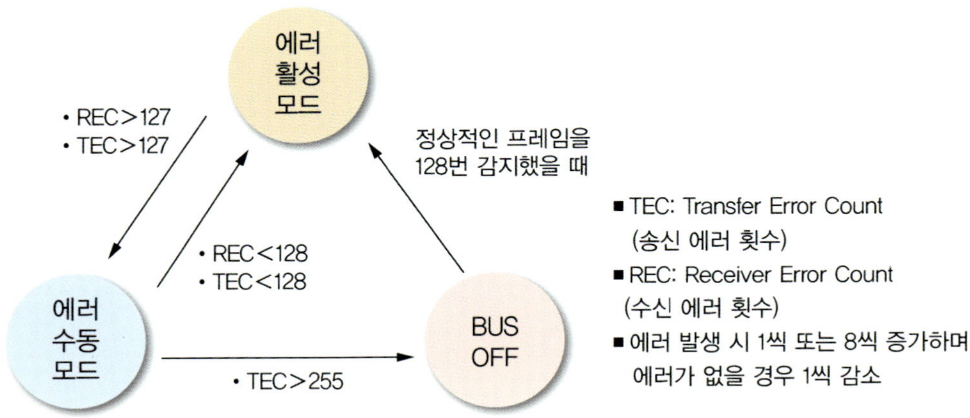

■ 송신 에러
- 네트워크로 전송되는 데이터에 오류가 발생했을 때
- 데이터를 보냈는데 아무 제어기도 수신 확인(ACK)이 없을 때
  예) '1'을 보냈는데 '0'이 감지될 경우로, 보내는 제어기가 감지한다.

■ 수신 에러
- 네트워크에서 수신한 데이터에 오류가 발생했을 때
  예) 약속된 방법대로 프레임이 정의되지 않을 때

그림 3-29 CAN 메시지 고장 상태

(1) 에러 활성 모드(Error Active Mode)

어떤 제어기의 전송 및 수신 에러(TEC/REC)가 각각 127회보다 작을 때를 의미한다. 아직 데이터 송·수신에 아무런 영향을 받지 않는다. 또한 잘못된 데이터를 수신하면 능동 에러 플래그(Active Error Flag)를 보내어 네트워크에 전송되는 데이터

규칙을 파괴하여 다른 제어기가 데이터를 수신하지 못하도록 한다.

(2) 에러 수동 모드(Error Passive Mode)

송신 또는 수신 에러(TEC/REC)가 127회를 초과했을 때를 의미한다. 이미 데이터 송 · 수신 상태가 불안하기 때문에 통신은 가능하지만 적극적인 에러 검출을 하지 못한다. 즉 BUS의 데이터 에러를 발견하더라도 데이터를 무력화할 수 없는 수동 에러 플래그(Passive Error Flag)를 보낸다. 이는 에러 카운트가 증가한 제어기가 실제 데이터에 문제가 있어 에러로 판단할 수도 있지만, 제어기 내부 문제로 인해 계속 에러로 판단할 수도 있기 때문이다. 또한 더 이상 에러 감지가 되지 않으면 카운트가 점점 감소되어 TEC 및 REC가 128회보다 작아지면 에러 능동 상태로 복귀되어 적극적으로 에러에 대처한다.

(3) BUS Off

BUS Off는 데이터를 잘못 송신할 때 발생하며, 과거 고장으로 DTC가 저장된다.

에러 수동 상태에서 에러 카운트가 계속 증가하여 TEC(송신)가 255회를 초과하면 데이터 송신이 불가능하게 되고 네트워크에서 차단된다.(수신은 가능) BUS Off 상태에서 정상적인 통신 프레임을 128회 감지하면 초기화되어 에러 액티브 상태로 복귀된다. 하지만 초기화 후 계속 BUS Off가 발생되면 10회째 완전히 네트워크로부터 단절된다.(IGN Off 후 On시 재 초기화되어 통신 가능, 이후 문제 발생 시 다시 네트워크에서 차단됨)

BUS Off는 송신하는 제어기가 보낸 신호와 다시 그 신호를 감지하여 서로 다를 경우와 데이터를 전송했지만 어떤 제어기도 'ACK' 신호를 보내지 않을 때 발생한다.(통신 라인 단선 시에도 동일 현상 발생) BUS Off가 되면 스스로 네트워크에서 이탈되어 더 이상 데이터를 보낼 수 없다.(수신은 가능) 따라서 진단 장비를 통해 DTC를 확인할 수 없다. 제어기 설계에 따라 BUS Off 상태를 저장하지 않는 경우도 있다. 또한 네트워크에 구성된 다른 제어기는 어떤 제어기가 BUS Off 상태인지 알 수 없다. 이 모드가 지속되면 BUS Off된 제어기에서 더 이상 신호가 오지 않기 때문에 신호를 수신해야 하는 다른 제어기에서는 [XXX 용답 없음, XXX 시간 초과]를 출력한다.

3) 비트(bit) 관련 에러

(1) 비트 에러(bit Error)

그림과 같이 드라이버를 구동하여 '1' 또는 '0' 신호를 전송하면 BUS와 제어기 내부 리시버로 입력된다. 이때 리시버로 입력되는 전압 레벨을 통해 정상으로 드라이버가 구동됐는지 판단한다.('1'을 보냈으면 '1'이 감지됨) 만일 두 값이 일치하지 않으면 비트 에러로 판단한다.(송신 에러로 기록됨)

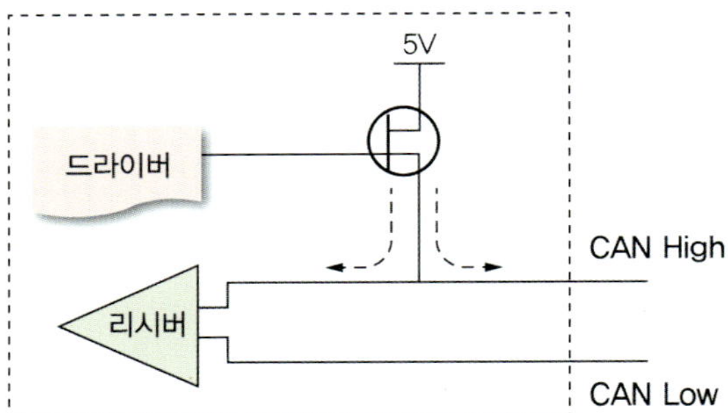

• 드라이버가 신호를 보내면 리시버에서도 출력되는 비트 전압이 검출된다.

그림 3-30 비트 에러 감지 구조

(2) 채워 넣기 에러(bit Stuffing Method)

데이터 프레임에서 SOF, 중재 영역, Control, Data, CRC영역에는 5bit 이상이 연속될 수 없는 '비트 채워 넣기'가 있다. 어떤 이유에서든지 5개 이상의 같은 극성의 비트가 감지되면 에러로 검출한다.

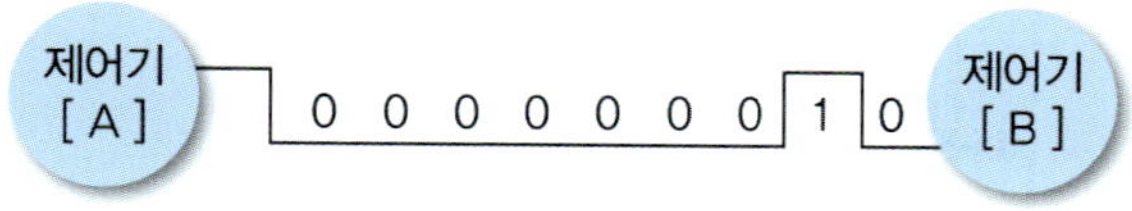

• 동일한 bit가 7개 연속으로 감지되어 에러로 판단

그림 3-31 채워 넣기 에러 검출 구조

(3) 기타 에러

① 응답 에러: 제어기가 보내는 데이터에 어떤 제어기도 응답하지 않는 경우(ACK 응답 없음)

② CRC 에러: 데이터를 송신할 때 계산된 CRC와 수신한 제어기에서 계산한 CRC가 틀릴 경우

③ 프레임 구조 에러: 프레임 형식이 어긋날 경우 에러 검출

④ 구분자 에러: ACK 및 CRC 구분자가 비정상적일 경우

참고 BUS의 데이터 에러를 감지한 제어기는 어떻게 할까요?

어떤 제어기라도 BUS의 데이터가 불량이라고 판단되면 이 데이터를 사용하지 못하도록 규칙을 파괴합니다. 다음 페이지에 나오는 '에러 플래그'처럼 에러를 감지한 순간 즉시 연속해서 6bit의 '0'를 보냅니다. 이 신호는 중재와 관계없이 어떤 제어기라도 보낼 수 있습니다. 신호를 보내는 순간 다른 제어기는 비트 에러로 판단하고 더 이상 이 데이터를 수신하지 않습니다.

4) 에러 플래그(Error Flag)

에러 플래그는 BUS에 흐르는 데이터의 불량을 감지한 제어기가 '불량을 알리는 깃발을 흔드는 행위'로 생각할 수 있다.

(1) 능동 에러 플래그(Active Error Flag)

에러 활성 모드(Error Active Mode) 상태에 있는 제어기는 수신되는 데이터의 에러를 감지하면 즉시 능동 에러 플래그를 BUS에 전송한다. 이는 BUS에 흐르는 데이터와는 별도로 6개의 우성 비트('0'– 접지 개념)을 보냄으로써 프레임 구조를 파괴하고, 다른 제어기가 데이터를 수신하는 것을 방해한다.

에러 플래그 신호가 전송되면, 다른 제어기는 채워 넣기 에러로 인식하여 데이터 수신을 멈추고 즉시 자신도 에러 플래그를 전송한다. 연속적으로(모든 제어기가 에러 플래그를 전송하므로) 에러 플래그가 발생하면 네트워크가 마비되기 때문에 최소 6비트에서 최대 12비트까지만 에러 플래그를 허용한다.

(2) 수동 에러 플래그(Passive Error Flag)

기본 개념은 능동 에러 플래그와 동일하지만 에러 수동 모드(Error Passive Mode) 상태에 있는 제어기는 수신되는 데이터의 에러를 감지하면 즉시 6개의 열성 비트('1')을 BUS에 전송한다. 하지만 데이터 프레임은 파괴할 수는 없다. 6개의 신호를 보내면 채워 넣기 에러를 만들 수 있지만, 현재 보내지고 있는 데이터가 '0'일 경우 에러 플래그는('1') '0'신호에 묻혀 무시되기 때문이다.(중재의 원칙과 동일)

즉 에러 수동 모드 상태에 있는 제어기는 이미 에러 카운트가 충분히 높기 때문에 에러 판단에 대한 신뢰도가 낮다고 볼 수 있다. 따라서 에러에 대한 대응은 수행하지만 다른 제어기의 데이터 전송은 방해할 수 없다.

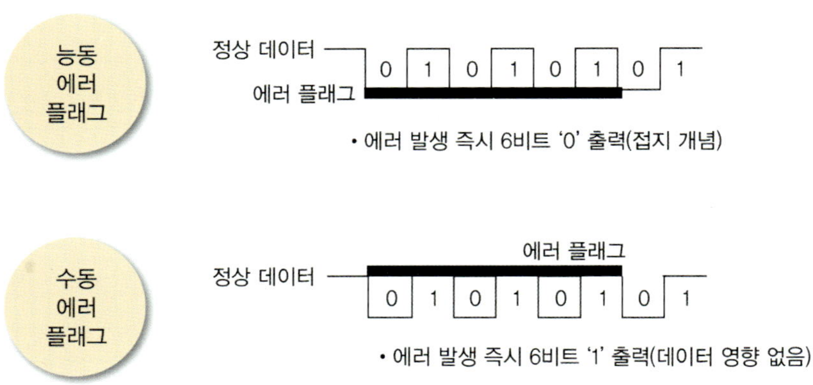

그림 3-32 에러 플래그 사례

02 통신 관련 DTC 이해

네트워크에서 통신이 불량할 경우 출력되는 대표적인 4가지 DTC에 대해 알아본다.

(1) BUS Off

1) DTC 설명

BUS Off는 데이터를 보내는 송신 제어기가 정상으로 데이터를 보내지 못 할 경우 발생된다. 모든 제어기는 CAN 컨트롤러와 트랜시버를 통해 데이터의 송신과 수신 시 오류를 카운트할 수 있다. 이중 송신에 대한 오류를 스스로 감지하여 송신 불량 횟수가 255회 이상으로 누적된다면 제어기는 더 이상 네트워크로 데이터를 전송하지 않는다.(네트워크 이탈) 하지만 데이터 수신은 가능하기 때문에 네트워크에 전송되는 데이터를 계속 수신한다. 연속해서 정상적인 데이터가 128번 이상 수신되면 즉시 데이터 전송 중지를 해제하고 다시 데이터 전송을 시작한다. 만일 데이터를 송신하는 제어기가 연속해서 데이터 전송 중지와 해제를 반복한다면, 10회째 데이터 전송이 중지되는 시점에 CAN BUS Off DTC를 출력한 후 더 이상 네트워크로 데이터를 전송하지 않는다. 차단된 네트워크는 통신 불량 수리 이후 다시 네트워크로 데이터를 전송할 수 있다.

BUS Off가 발생하면 DTC를 저장하지만 이미 통신 라인 또는 제어기 자체의 문제로 진단 장비와 통신을 할 수 없는 상태이기 때문에 현재 DTC를 확인할 수 없다. 따라서 통신 라인 복구 후 과거 고장 코드로 확인된다.

2) BUS Off 진단 원리

(1) 데이터 확인 신호(ACK)

데이터를 수신하는 모든 제어기는 정상으로 신호를 수신했을 경우, '수신 OK'와 같은 뜻으로 송신제어기가 '1'로 보내는 프레임 끝 단의 'ACK'신호를 '0'으로(일종의 접지) 출력해준다. 송신 제어기는 'ACK' 신호가 '1'에서 '0'으로 바뀌면 보낸 데이터가 정상으로 네트워크에 전송됐다고 판단한다. 만일 'ACK' 신호가 '1'에서 바뀌지 않으면 송신 제어기는 네트워크에서 이탈되었다고 판단하고, 송신 에러 횟수를 증가시킨다. 이 횟수가 255회 이상이 되면 BUS Off로 진입한다.

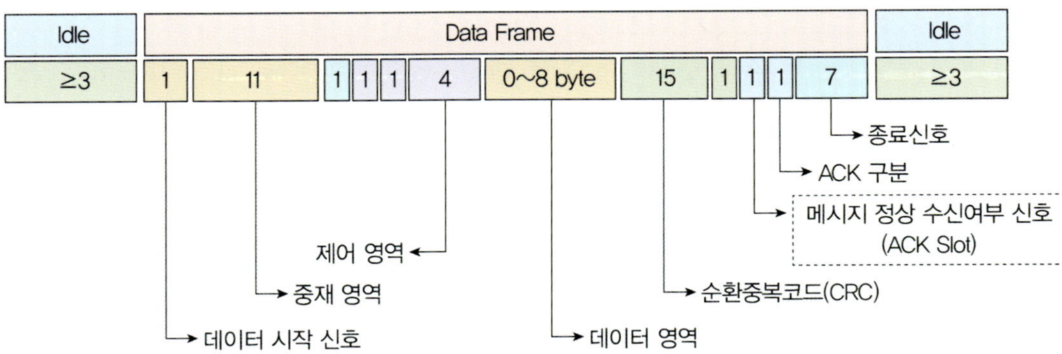

그림 3-33 CAN 통신 데이터 프레임

(2) 송신 데이터 모니터링

송신 제어기가 데이터를 보내기 위해서는 '트랜시버' 내부의 드라이버를 구동하여 BUS의 전압 변화를 만든다. 이때 전압 변화를 통해 보내는 '1' 또는 '0' 신호는 제어기 내부 리시버로 동일하게 입력된다. 즉 리시버는 다른 제어기가 BUS를 통해 전송하는 데이터를 수신할 뿐 아니라 자신이 보내는 신호도 동일하게 감지할 수 있다.

송신 제어기가 드라이버를 구동하여 '0'이라는 신호를 보내면 반드시 리시버에도 '0'이라는 신호가 입력되어야 한다. 만일 '0'을 전송했지만 리시버로 '1'이 감지되거나

'1'을 보냈는데 '0'이 감지된다면 송신 제어기는 제어기의 불량 또는 BUS의 불량으로 판단한다.(비트 에러) 이 경우, 'ACK' 신호와 동일한 방법으로 송신 에러 횟수를 증가시킨다. 단 데이터 프레임 앞 단의 '중재 영역'에서 변하는 신호는 송신 오류가 아닌 중재 과정에서 송신 우선 수위가 낮은 것으로 판단하고 데이터 전송을 중지한다.

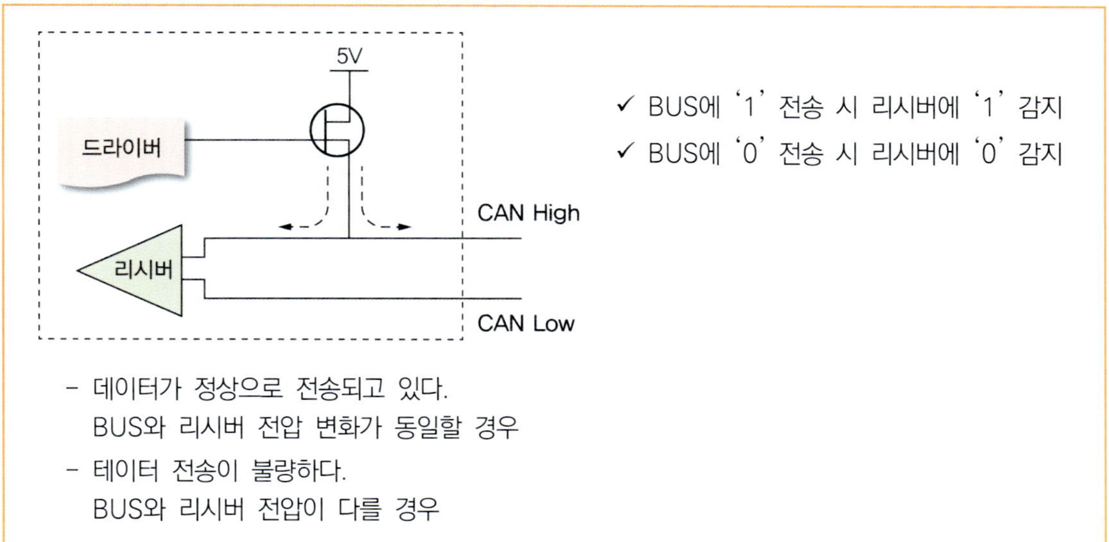

그림 3-34 비트 에러 감지 방법

3) BUS Off DTC

[U0001XX], [C160EXX], [C1616XX] 등 차종과 네트워크 특정에 따라 DTC가 조금씩 다르게 표시된다. 코드와 한글 명을 조합하여 DTC를 확인한다.

(2) Time Out

1) DTC 설명

Time Out DTC는 다른 제어기로부터 일정 시간 동안 원하는 메시지를 받지 못할 때 발생한다.

메시지 수신 이후 다음 메시지는 반드시 정해진 시간 이내에 수신되어야 한다. 만약 같은 ID를 가진 메시지가 Time Out 주기 이내에 수신되지 않는다면 데이터를 수신하는 제어기는 에러가 발생했다고 판단하고 Time Out DTC를 발생시킨다.

Time Out DTC 한글 명은 몇 가지로 표시된다. [XXX측 CAN 신호 안나옴]과 [XXX측 통신시간 초과], [XXX측 응답 지연] 등은 동일한 내용에 대한 DTC 명이다.

2) Time Out 진단 원리

(1) 동일한 네트워크의 Time Out

송신 제어기와 수신 제어기가 동일한 네트워크에 구성되어 있을 경우 별도의 게이트웨이 없이 직접 데이터를 수신할 수 있다. DTC가 발생하면 해당 네트워크의 오류 또는 DTC를 발생시킨 제어기 상태를 점검해야 한다.

(2) 다른 네트워크의 Time Out

송신 제어기와 수신 제어기가 속해있는 네트워크가 다를 경우 게이트웨이 모듈을 통해 데이터를 수신하기 때문에 DTC에 대한 진단 방법이 다르다. 이때에는 DTC를 발생시키는 제어기뿐 아니라 게이트웨이 모듈의 불량까지 의심해야 한다. 아래 내용을 참고하여 진단한다.

① ⓑ 제어기가 다른 네트워크에 구성된 ⓐ 제어기의 데이터 수신 불가 감지됨
② 게이트웨이에서 'ⓐ 제어기에서 데이터 수신 불가'라는 정보를 ⓑ 제어기가 구성된 네트워크로 송신
③ ⓑ 제어기는 게이트웨이가 송신한 'ⓐ 제어기에서 데이터 수신 불가' 정보 수신
④ ⓑ 제어기에서 'ⓐ 제어기 CAN Time Out DTC' 발생

* 차종 및 제어기에 따라 [게이트웨이 Time Out DTC], [게이트웨이 및 송신 제어기 Time Out DTC], [송신 제어기 Time Out DTC] 3가지 중 하나가 출력될 수 있다.

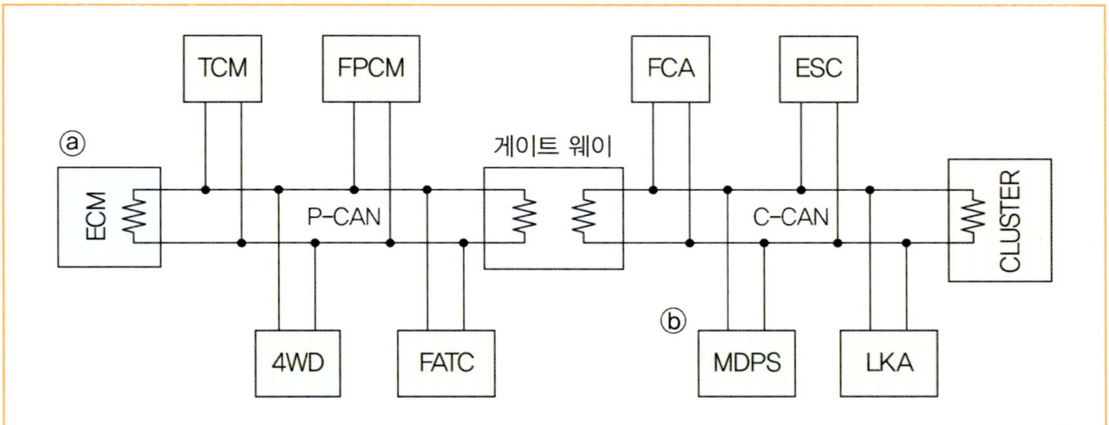

그림 3-35 다른 네트워크 타임 아웃 사례

3) Time Out DTC 발생 시 통신 라인 파형

Time Out DTC는 통신 라인이 정상일 경우, 데이터를 송신하는 제어기 불량을 의심해야 한다. 하지만 통신 라인이 간헐적으로 불량이거나, 오 신호가 주기적으로 유입된다면 Time Out DTC가 출력될 수 있다.

아래 파형은 통신 라인에 오 신호가 입력되어 간헐적으로 통신이 불량한 파형이다. 이런 파형이 측정될 경우, Time Out DTC는 특정 제어기가 아닌 다수의 제어기가 번갈아 가며 출력된다.

■ 파형 분석

위는 High Speed CAN 네트워크에서 특정 제어기로 연결되는 지선이 단선된 파형이다.

High 및 Low 라인에 톱날 형과 같은 파형이 측정된다. 이는 지선이 단선된 제어기에서 BUS로 출력하는 이상 신호이다. 이 톱날 형 신호가 정상적인 파형과 같이 BUS로 출력되면, 두 신호가 겹치면서 위와 같은 파형이 측정된다. 위와 같은 파형에서는 정상 데이터 신호가 톱날 형 파형에 영향을 받아 완전한 데이터를 전송할 수 없다. 차종에 따라 네트워크 통신 불량 또는 간헐적 통신 불량이 발생한다.

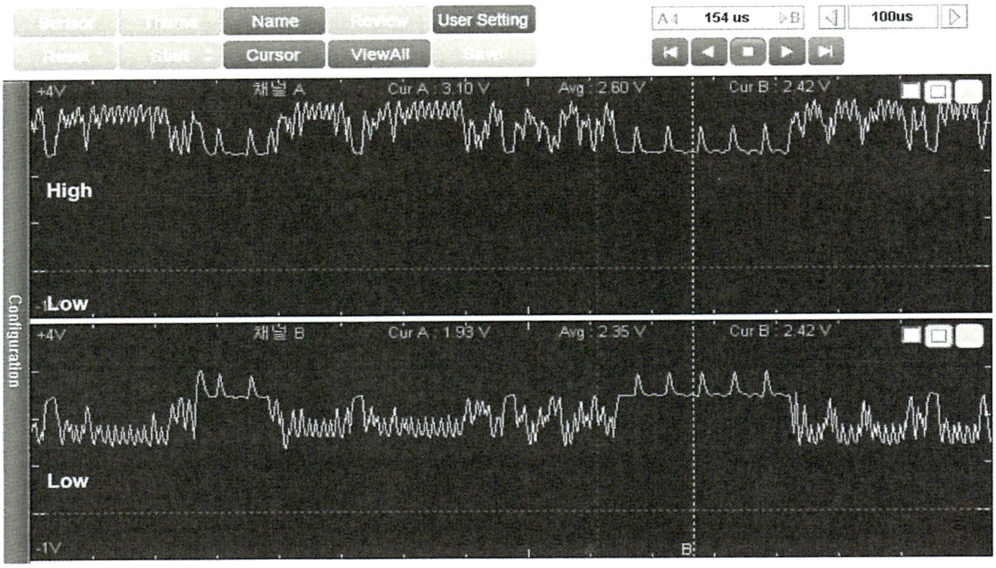

그림 3-36 CAN 통신 지선 단선 파형 사례

[3] 메시지 에러(Message Error)

1) DTC 설명

메시지 에러는 수신 제어기에서 필요한 신호가 에러로 수신되는 경우에 발생되는 DTC이다.

이 DTC는 데이터를 수신하는 제어기에서 발생하며, 데이터를 송신하는 제어기는 메시지 에러 DTC를 출력하지 않는다.

[XXX 메시지 에러], [XXX 신호 이상] 등은 동일한 DTC 명이다.

2) 메시지 에러 진단 원리

(1) 전송 데이터 불량

데이터를 송신하는 제어기가 전송하고 있는 데이터에 오류가 있다고 판단되면 보내는 신호에 에러 값 또는 에러 플래그(Error Flag)를 송신한다. 수신 제어기는 오류가 포함된 데이터를 읽고 메시지 에러 DTC를 발생시킨다. 이때 수신된 오류 값은 제어에 사용하지 않는다.

(2) 규정 값을 벗어날 때

메시지에 포함된 센서 및 액추에이터의 수치가 규정 값 범위를 벗어났을 때 수신 제어기는 메시지 에러 DTC를 발생시킨다.

(3) 검증 오류가 있을 때

통신프레임을 검증하는 CRC 이외에 데이터 영역을 검증하기 위한 첵섬(Checksum)을 확인한다.

송신 제어기가 계산한 값과 수신제어기가 계산한 값이 일치하지 않을 경우, 에러를 검출한다. 수신된 데이터는 무시하며 메시지 에러 DTC를 출력한다.

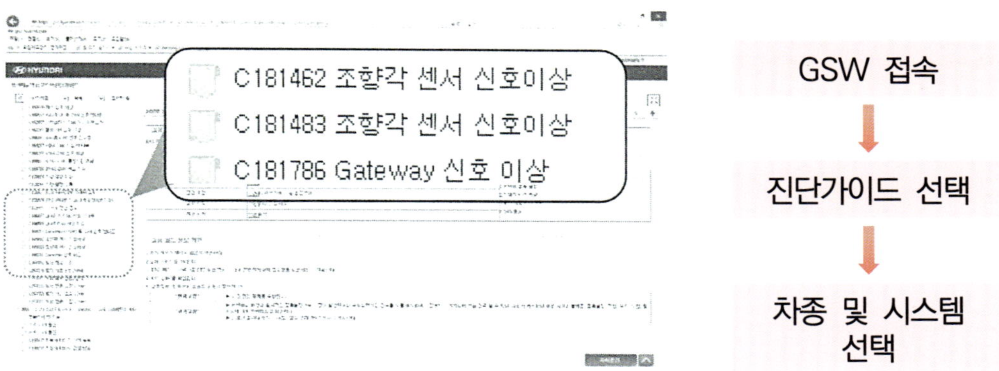

그림 3-37 CAN 메시지 에러 DTC 사례

3) 메시지 에러 발생 시 통신 라인 파형

메시지 에러 DTC 발생 시에도 통신 파형은 정상으로 출력될 수 있다.

메시지 에러 DTC 출력 조건은 BUS를 통해 데이터를 정상으로 수신한 상태에서 메시지의 정합성에 따라 약속된 내용이 벗어날 경우 메시지의 오류를 알리는 DTC이기 때문이다. 따라서 CAN 통신 파형은 정상으로 출력될 수 있다.

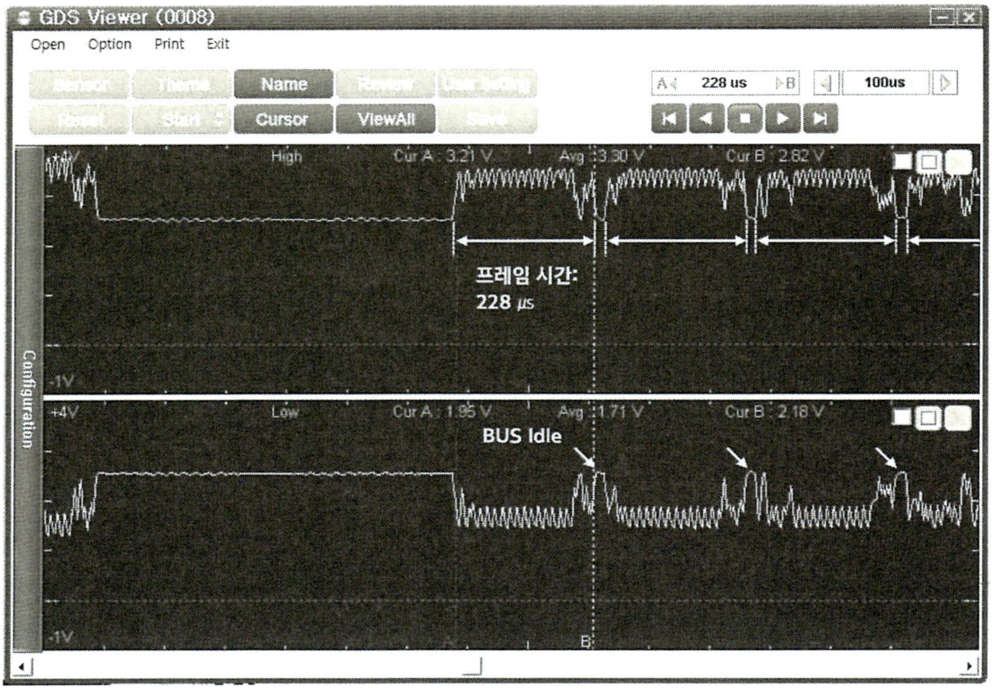

그림 3-38 정상적인 CAN 통신 파형 사례

(4) CAN Error

1) DTC 설명

CAN 에러는 FTLS CAN을 사용하는 네트워크에서만 발생하는 DTC이며, High 또는 Low 라인 중 하나의 라인에 문제가 발생했을 때 출력된다.

FTLS CAN은 High Speed CAN에 비해 속도는 느리지만 High/Low 두 라인 중 하나의 라인에 불량이 발생해도 통신을 유지할 수 있다는 장점이 있다.(고장 용인 기능) 만일 두 라인 중 하나의 라인이 단선(또는 전원/접지 단락)되었을 때, 통신은 정상으로 유지되기 때문에 고장 상태를 판단하기 어렵다. 하지만 외부 노이즈나 시스템

부하가 상승할 경우 정상적인 통신이 되지 않을 수 있기 때문에 CAN 에러 DTC를 통해 고장 상태를 알린다.

2) CAN 에러 진단 원리

(1) 통신 라인 불량 감지

High 또는 Low 라인이 정상적인 통신을 수행하지 못할 경우 이를 감지하여 DTC를 출력한다.

(2) CAN 에러 발생 조건

아래와 같은 통신 라인의 불량이 감지된 경우 통신은 유지하지만 DTC를 출력한다.

① High 라인 단선

② High 라인 전원 또는 접지 단락

③ Low 라인 단선

④ Low 라인 전원 또는 접지 단락

⑤ High 라인과 Low 라인 상호 단락

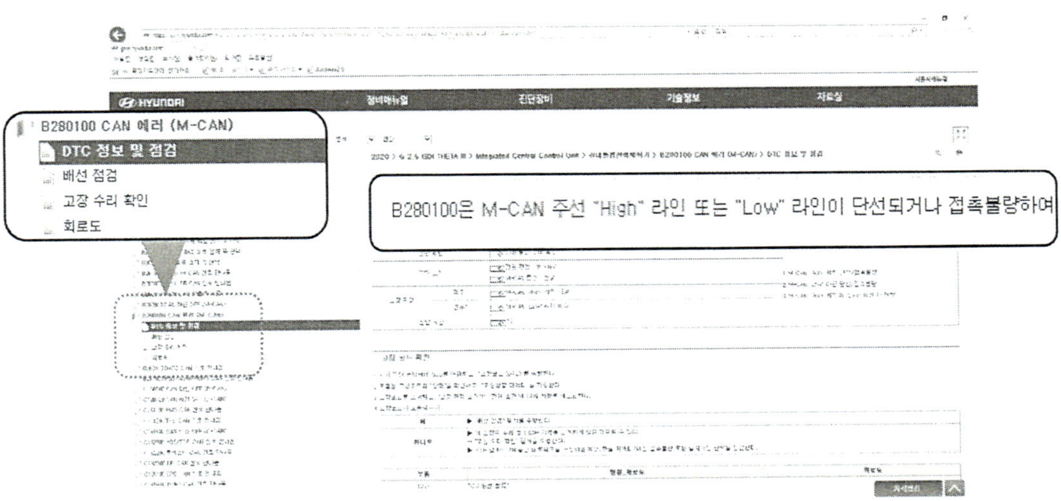

그림 3-39 CAN 메시지 에러 DTC 사례

3) CAN 에러 발생 시 통신 라인 파형

CAN 에러 발생 시 통신 파형은 High 또는 Low 라인 중 하나의 라인이 불량하거나 또는 두 라인이 상호 단락되는 파형이 측정된다.

그림 3-40(a) 그림은 Low 라인이 접지와 단락된 경우로 Low 라인이 접지가 단락되어도 High 라인은 정상적으로 파형이 출력되어 통신을 유지한 상태를 나타내고 있다. 그림 3-40(b) 그림은 High 라인과 Low 라인이 상호 단락된 경우로 High 라인과 Low 라인이 상호 단락되는 즉시 High와 동일한 전압을 유지하는 전압 상태를 나타내고 있다.

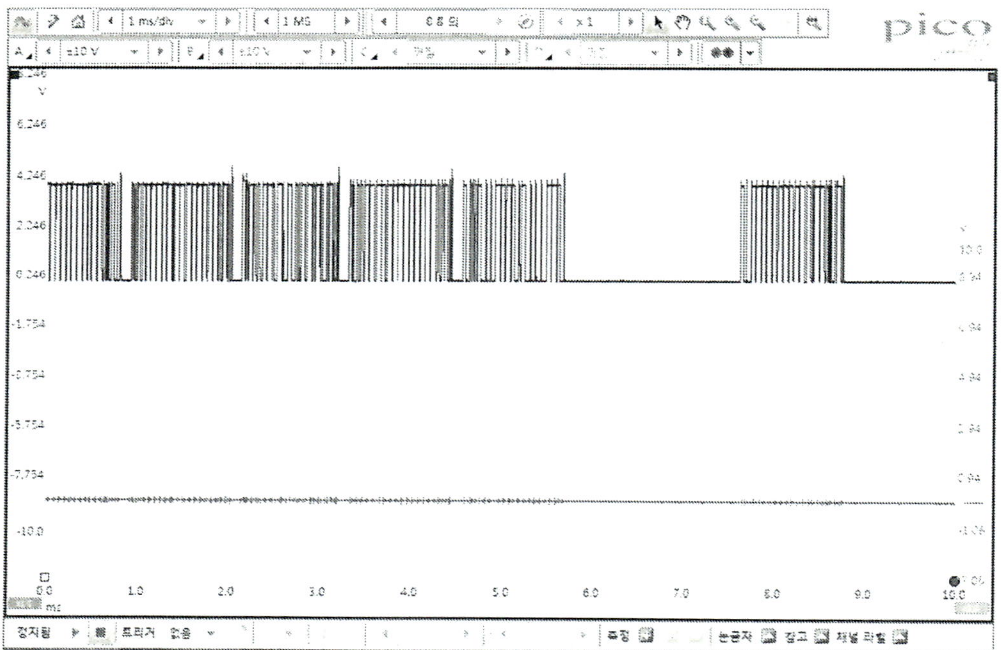

✓ 파형 분석
Low 라인이 접지와 단락되어도 High 라인은 정상적인 통신을 유지한다.

(a) Low 라인 접지 단락

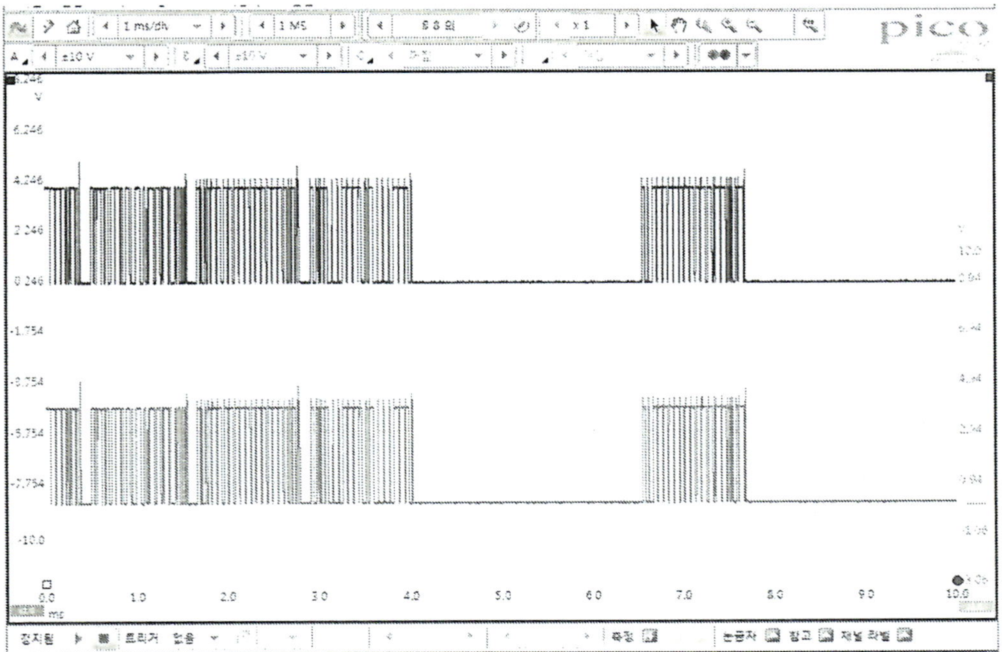

✓ 파형 분석

High 라인과 Low 라인이 상호 단락이 되면 Low 라인은 즉시 High와 동일한 전압을 유지하는 전압 변화를 보인다.

(b) High/Low 라인 상호 단락

그림 3-40 CAN 통신 불량 파형 사례